"十三五"国家重点研发计划课题 2018YFD0600202

九龙山生物多样性系列

北京九龙山野生动物图谱

Atlas of Wildlife in Jiulong Mountain, Beijing

张永安 余 海 [illegible] 丘 主编

河南科学技术出版社
· 郑州 ·

图书在版编目（CIP）数据

北京九龙山野生动物图谱 / 张永安等主编. —郑州：河南科学技术出版社，2023.11

ISBN 978-7-5725-1313-8

Ⅰ. ①北… Ⅱ. ①张… Ⅲ. ①山—野生动物—北京—图集 Ⅳ. ①Q958.521-64

中国国家版本馆CIP数据核字（2023）第179393号

出版发行：河南科学技术出版社

地址：郑州市郑东新区祥盛街27号　邮编：450016

电话：（0371）65737028　65788613

网址：www.hnstp.cn

邮箱：hnstpnys@126.com

策划编辑：杨秀芳

责任编辑：申卫娟

责任校对：臧明慧

整体设计：张　伟

责任印制：徐海东

印　　刷：河南瑞之光印刷股份有限公司

经　　销：全国新华书店

开　　本：787 mm × 1 092 mm　1/16　印张：12.5　字数：260千字

版　　次：2023年11月第1版　2023年11月第1次印刷

定　　价：198.00元

编写委员会

主　　编：张永安　余　海　李恩杰　章尧想　王　兵

副 主 编：官昊慧　辛学兵　汤志敏　郭　嘉　曲⻌建　刘慧慧
　　　　　牛　香　张悦文

参　　编：蔡京艳　孔　斌　田　华　孙丽芳　杨德付　贺淑霞
　　　　　梁文新　马志强　甄春生　彭　睿

摄　　影：张永安　余　海　李恩杰

前　言

北京九龙山是国家林业和草原局与中国林业科学研究院设立的暖温带森林国家长期科研基地，位于北京市门头沟区龙泉镇、妙峰山镇和王平镇境内，东临永定河和三家店水库，西与妙峰山、百花山、灵山和小五台山相连，南与戒台寺、潭柘寺、马鞍山比邻，北与北京西山隔河相望。九龙山名的来历已无从考证，据说是因山势而得名，沿峰口庵—刺玫花坨—九龙庙—火车头至永定河畔为一条主山脉，主山脉两侧各有四条山脊蜿蜒而下，宛如九条巨龙，得名九龙山。九龙山为石质山，是太行山的余脉，属古北界华北区黄土高原亚区和黄淮平原亚区的过渡地带，温带大陆性气候，四季分明。动物区系以古北界种类为主，具有明显的华北特点；既是古北界、东洋界动物种类相互渗透的地区，又是古北界的蒙新区、东北区、华北区的交会区，是一个具有过渡性的地带。九龙山海拔 100 ~ 990 m，年平均气温为 11.7 ℃，最热月 7 月平均气温为 25.8 ℃。年均降水量为 650.4 mm，年最大降水量为 959.4 mm，年最小降水量为 285.3 mm。降水多集中在 7、8 两个月，约占全年降水量的 64%。

九龙山生态环境优美，生物资源丰富，现有植物 500 余种，大型真菌 600 余种，昆虫 2 000 余种，森林覆盖率达 90% 以上，主要森林类型有暴马丁香、大果榆、灌木等天然次生林，油松、侧柏、华北落叶松、栓皮栎、元宝枫和大叶白蜡等人工林，以及针阔叶混交林和阔叶混交林等；山上还散生着小叶朴、糠椴、核桃楸、山樱桃、山葡萄、杜梨、核桃、山杏、桑树等。

近年来，随着经济和社会的快速发展，北京市通过造林绿化和引入黄河水、水库水、再生水等措施，加快实施永定河综合治理与生态修复工程，持续推进永定河流域生态廊道建设。加之我国对野生动物保护的高度重视，以及华北林业实验中心和永定河沿线实施的生物资源保护措施日益完善，众多鸟类等野生动物的栖息环境得到极大改善。九龙山和永定河又是候鸟迁徙的重要廊道，初春和秋冬常是候鸟迁徙的主要时期，候鸟路过于此，或短暂停留，或在此越夏越冬和繁衍后代，九龙山野生动物种类和数量逐年增加，一些早已销声匿迹的珍稀野生动物也不断出现，极大地丰富了北京市的物种多样性。

《北京九龙山野生动物图谱》编著历时 5 年，参考了国内外同类著作的编写特点，按脊椎动物分类规则进行排列。本书记录的脊椎动物除了生活在山林中的野生动物外，还包括部分活动在九龙山周边水域的水鸟等动物，共计 4 纲 27 目 60 科 118 属 181 种，其中，哺乳纲 6 目 8 科 10 属 11 种、鸟纲 18 目 44 科 93 属 152 种、爬行纲 2 目 5 科 11 属 14 种、两栖纲 1 目 3 科 4 属 4 种。国家一级重点保护野生动物 3 种、国家二级重点保护野生动物 23 种，北京市重点保护野生动物 60 种，极危物种 1 种、濒危物种 1 种、易危物种 4 种、近危物种 5 种。每种动物介绍由文字和图片组成，文字描述了动物的中文名、学名、英文名、部分形态特征和习性、保护级别等，图片展示了动物的生态特征。

本书得到了中国林业科学研究院森林生态环境与自然保护研究所金崑研究员、钱法文研究员、刘冬平副研究员，北京林业大学张东教授，首都绿色文化碑林管理处姚爱静研究馆员的大力支持。野生动物保护人士和友人张路杨、牛震、宋健、宋会强、贺建华、姚文志、鹦鹉、杨南和马旭等提供了大鹰鹃、噪鹃、红腹灰雀、勺鸡、红纹滞卵蛇、灰林鸮等动物生态照片。本书由“十三五”国家重点研发计划课题 2018YFD0600202 资助，在此一并表示诚挚的谢意。

由于编著者水平所限，鸮形目和蛇等动物调查和获得高质量的照片比较困难，书中若有错漏之处，欢迎读者批评指正。

编者

2023 年 6 月

目 录

哺乳纲

鸟纲

爬行纲

两栖纲

哺乳纲
Mammalia

猬形目Erinaceomorpha

猬科Erinaceidae

1 东北刺猬 *Erinaceus amurensis* Schrenk

别　　名： 猬鼠、远东刺猬、刺球子、毛刺

英 文 名： Amur hedgehog

特　　征： 小型哺乳类动物，体形较大，体长220～275 mm。头宽，吻尖，眼小，耳短且不超过周围棘刺长。四肢短健，各具5趾，爪发达。尾甚短，不及后足长。乳头有5对，胸部3对，腹部2对。体背及体侧被粗而硬的棘刺，头顶棘刺分为两簇，在头顶中央形成一片狭窄的裸露区域，身体除吻端和四肢足垫裸露外，均被细而硬的毛。棘刺基部和次端部白色或浅棕色，中间部和棘尖棕色或深棕色。

生活习性： 食性比较杂，主食昆虫和蠕虫，兼食小型鼠类、幼鸟、蛙、蛇及蜥蜴等小动物，亦喜食豆类、野果、树叶、草根等植物性食物。喜昼伏夜出，巢多建于老树根、倒木、灌丛、石隙及墙角等处的洞穴中。冬眠期较长，从每年10月初至翌年3月底，共约6个月。反抗天敌的能力弱，受惊时即向腹面蜷曲，棘刺竖立在外，呈刺球状。

保护级别： 国家三有保护野生动物、IUCN（世界自然保护联盟）物种濒危等级——无危（LC）、北京市重点保护野生动物

鼩鼱目Soricomorpha

鼹科Talpidae

2 麝鼹 *Scaptochirus moschatus* Milne-Edwards

别　　名：鼹鼠、地里排子、瞎老鼠、地滚子、翻手老鼠

英 文 名：Mole

特　　征：中小型食虫类动物，体形粗壮，呈圆筒形，体长多为100～130 mm。头小，吻尖，颈不显，眼退化，耳壳缺失。尾细而短，多数较后足短，少数长于后足。前肢强健，掌宽大而外翻，指端具长而扁平的利爪。通体灰棕色，被毛细柔致密，闪金属光泽；体背毛基深灰色，毛尖灰棕色；腹部毛色较背毛稍淡；额、下颌、腹部中央、四肢腹面及前肢背面染锈棕色；尾毛稀疏，与腹部毛色相同；四足背面毛细短，染棕黄色，几乎裸露。

生活习性：性贪食，食性杂。主要以金龟子、步行虫、马陆、蚯蚓等土壤动物为食，同时也取食少量的草根、块茎、树根皮等植物性食物。终生营地下穴居生活，喜欢栖息于温带土质干燥而疏松、土层深厚的沙质地段。听觉、嗅觉灵敏，掘土能力强，夏季主要在土壤表层活动，冬季在半米以下的土层中活动；巢则筑于更深处，巢中铺以草和树叶，向外具有四通八达的洞道。不冬眠，具贮食行为，主要靠食用贮存食物度过冬季，有时也爬出地面觅食。

保护级别：IUCN物种濒危等级——无危（LC）

啮齿目Rodentia

松鼠科Sciuridae

3 岩松鼠 *Sciurotamias davidianus* Milne-Edwards

别　　名：扫毛子、石老鼠、石松鼠、岩鼠

英 文 名：David's rock squirrel

特　　征：中等大小松鼠，体长185～250 mm。吻短而宽，鼻骨似长方形。眶间部平宽，眶上突尖出，眶间无嵴。后头圆滑，颧弓平直。腭孔小，位于腭部前端，腭骨后端与臼齿后缘齐平或接近。听泡发达，下颌骨粗壮。前足第2～5指发达；第1指退化，仅保留一甲状突起。后足5趾。爪均正常。前足指垫3个，掌垫2个；后足趾垫4个。雌性乳头3对，胸部1对，鼠蹊部2对。通体灰黑黄色。背毛基灰色，毛尖浅黄色，中间混有黑色针毛。腹毛毛基灰色，毛尖黄白色，较背毛稀少、柔软。眼周毛白色，形成细的白眼圈。耳后毛白色，下颌毛白色，须黑色。吻端至眼及耳郭处毛色带黄，头部其他部分较背毛色深。尾毛蓬松，较长，毛尖呈白色，尾上卷时，形成2道白边。

生活习性：食性杂，喜食带油性的干果，如油松、核桃楸、核桃、山杏等植物果实，也会窃食谷物等农作物。具贮食习性，有多个贮食地点。半树栖和半地栖，在岩石缝隙中穴居筑巢，多活动于山地、丘陵等多岩石山区或油松林、针阔叶混交林、阔叶林、果树林及灌木林等较开阔的生境。昼行性，机警，胆大，攀爬能力强。不冬眠，但冬季活动较少，主要是在日出之后活动。

保护级别：国家三有保护野生动物、IUCN物种濒危等级——无危（LC）

4 北松鼠 *Sciurus vulgaris* Linnaeus

别　　名： 灰鼠、松鼠、红松鼠、欧亚红松鼠

英 文 名： Red squirrel, Eurasian red squirrel

特　　征： 体形细长，体长180～260 mm。颅骨顶部凸圆，鼻骨至额骨中部近平直，眶后突发达，细长且向下弯。耳端具黑色簇毛，冬毛尤为显著。门齿孔短小，远离上前臼齿前缘。腭骨后缘中间尖突；左右颊齿列外侧均呈弧形。前肢比后肢短。乳头4对。尾长而蓬松，超过体长之半。前足掌裸露，后足跖被毛。爪锐利，呈钩状。颈下和腹部的毛白色。背部、体侧、四肢外侧和肩部的冬毛为烟灰色、灰色或灰褐色，夏毛为红色或黑褐色。

生活习性： 喜食坚硬的种子或植物嫩叶和嫩芽，也会食用真菌、鸟蛋、浆果、幼枝及昆虫幼虫等，常单独觅食。营树栖生活，日间活动，清晨活跃，喜欢活动于针叶林或针阔叶混交林朝阳的一面。性活泼，行动机敏，善于纵跳和攀爬。不冬眠，但冬季习性不固定。

保护级别： 国家三有保护野生动物、IUCN物种濒危等级——无危（LC）

食肉目Carnivora

犬科Canidae

5 貉 *Nyctereutes procyonoides* Gray

别　　名： 貉子、狸、椿尾巴、毛狗、土獾
英 文 名： Raccoon dog
特　　征： 体形较小，躯体肥壮，体长500～690 mm。头部轮廓扁平。吻部短而长。鼻骨尖锐，具凹陷。耳短。四肢短，尾短而粗。前额和鼻白色，眼周黑色。颊部着生蓬松长毛，两颊和眼周的毛形成明显的“八”字形黑色大斑纹。吻部灰棕色。背部浅棕灰色或略带橘黄色，混有黑色毛尖。体侧毛色较背部浅。腹毛无黑色毛尖。胸部、四肢和足浅黑色或咖啡色。尾部覆有蓬松长毛。
生活习性： 食性较杂，主要以植物的种子、果实、根茎和昆虫、鱼类、蛙类、蛇类、鼠类、小鸟等小型动物为食。白天藏匿于洞中，夜间出来活动，单独或成小群活动于林中开阔、林缘灌丛或靠近水源的地带。性情较温顺，叫声低沉，会攀援和游泳。足迹成对排列呈小链状。
保护级别： 国家二级重点保护野生动物、IUCN物种濒危等级——无危（LC）

拍摄：鲍伟东

鼬科Mustelidae

6 亚洲狗獾 *Meles leucurus* Hodgson

别　　名：獾芝、麻獾、山獾、猹
英 文 名：Eurasian badger
特　　征：体形肥壮，四肢粗短，体长450～550 mm。头窄长，颈粗短，耳壳短圆，眼小，吻鼻长、鼻端粗钝，鼻骨较长，听泡扁平。尾部短。前后足的趾均具粗而长的黑棕色爪。耳背及后缘黑褐色，耳上缘白色或乳黄色，耳内缘乳黄色；体背褐色与白色或乳黄色相混杂；尾背与体背同色，但白色或乳黄色较多。头顶至尾部密被粗硬针毛；头部针毛较短；背部针毛基部灰白色或白色，中部黑褐色或淡黑褐色，毛尖白色或乳黄色；体侧针毛黑褐色渐淡，白色或乳黄色毛尖渐多。头部具3条白色纵纹：两颊自口角至头后各具1条，中央1条自鼻尖达头顶，其间夹有2条黑棕色宽带。
生活习性：食性杂，以植物的根、茎、果实，昆虫、蛙、蚯蚓、蜥蜴及小鱼等为食。栖息于森林或山坡灌丛、田野、坟地、沙丘草丛及湖泊、河溪旁边等各种生境。黄昏或夜间活动，行走较慢；春秋两季活动频繁。性凶猛，但不主动攻击；善于掘土。冬季进洞蛰伏。
保护级别：国家三有保护野生动物、IUCN物种濒危等级——无危（LC）、北京市重点保护野生动物

7 黄鼬 *Mustela sibirica* Pallas

别　　名： 黄鼠狼、黄狼、黄皮子、黄大仙

英 文 名： Himalayan weasel

特　　征： 体形中等，身体细长，四肢短，体长280～400 mm。头部狭长形，顶部较平。鼻骨、上颌骨、额骨和顶骨完全愈合。耳壳短宽，稍突出于毛丛，听泡长椭圆形。犬齿长而直；上裂齿前缘内侧，下裂齿后叶具1个小尖。颈较长。尾长为体长之半。肛门腺发达。四肢五趾间具很小的皮膜，趾端爪尖锐。毛色从浅沙棕色到黄棕色，背毛略深，腹毛稍浅，四肢、尾与身体同色。鼻基部、前额及眼周浅褐色，似面纹。鼻垫基部及上、下唇白色。喉部及颈下具白斑。冬季尾毛长而蓬松，基本为棕色。夏秋季毛绒稀薄，尾毛不散开。

生活习性： 食性很杂，主要以小型哺乳动物为食，也会捕食鸟卵、昆虫、两栖动物、鱼类和腐肉等。夜行性，晨昏活动频繁，常单独活动于山地森林、旷野疏林、林缘、河谷、灌丛和草地等各种生境。性凶猛，嗅觉灵敏，视觉较差；善于奔走、钻洞、攀援和游泳。

保护级别： 国家三有保护野生动物、IUCN物种濒危等级——无危（LC）、北京市重点保护野生动物

8 艾鼬 *Mustela eversmannii* Lesson

别　　名： 艾虎、两头乌、黑脚鼬、地狗

英 文 名： Steppe polecat

特　　征： 小型毛皮动物，体呈圆柱形，体长310～560 mm。吻部短而钝，近似方形。鼻骨狭长，略呈三角形，中央低凹。颈部稍粗。眶后突粗钝，后方眶间部显著狭缩。乳突发达，向外伸出。听泡轮廓略呈三角形。下颌低缘直平，角突不显。四肢较短，跖行性。脚掌被毛，掌垫发达。爪粗壮而锐利。体背棕黄色，自肩部沿背脊向后至尾基大部为棕红色，后背黑尖毛较多，臀部稍暗。体侧淡棕色，鼻周和下颌为白色，鼻中部、眼周及眼间为棕黑色，眼上前方具卵圆形白斑。头顶棕黄色，额部棕黑色，具1条白色宽带，颊部、耳基灰白色，耳背及外缘为白色，颏部和喉部棕褐色，胸部和鼠鼷部淡黑褐色，尾前端与背同色，尾末端黑褐色。

生活习性： 主食鼠类等啮齿动物，也会食用鸟类、鸟卵、小鱼、蛙类、甲壳动物及一些植物的浆果和坚果等。常栖息于山地阔叶林、草地及灌丛附近。善于挖掘洞穴筑巢，或侵占鼠类等动物的窝为巢，巢内简陋，略有铺垫，洞穴一般由洞口、洞道、膨大部、巢窝和盲洞组成，洞口附近具恶臭气味。通常单独活动，夜行性，有时也在白天或晨昏活动。善于游泳和攀援，视觉和听觉很发达。

保护级别： 国家三有保护野生动物、IUCN物种濒危等级——无危（LC）、北京市重点保护野生动物

兔形目Lagomorpha

兔科Leporidae

9 蒙古兔 *Lepus tolai* Pallas

别　　名： 草原兔、野兔、中亚兔、托氏兔

英 文 名： Tolai hare

特　　征： 大型地栖啮齿动物，体形中等，体长约为450 mm。头骨较大，鼻骨较长，其后部较宽而平直，眶后部较宽大，听泡小。体背沙黄色带黑色，头部颜色较深，鼻两侧各具1个圆形浅色毛圈，眼周围具白色窄环，耳内侧具稀疏白毛。颈下和四肢外侧浅棕黄色。腹毛纯白色。臀部沙灰色。尾背面中间黑褐色，两边白色；尾腹面纯白色。冬毛长而蓬松，具细长的白色针毛，伸出毛被外方。夏毛色略深，呈淡棕色。

生活习性： 食性较杂，以青草、树苗、树皮及农林作物的嫩枝、嫩芽、叶和种子为食。主要栖息于山坡灌丛、荒草地、丘陵、平原、农田和苗圃等处。无固定洞穴，多在灌丛中营造半露天的浅窟安身。晨昏活动较为活跃，常在山地灌木、草地和林丛活动。

保护级别： 国家三有保护野生动物、IUCN物种濒危等级——无危（LC）

偶蹄目Artiodactyla

猪科Suidae

10 野猪 *Sus scrofa* Linnaeus

别　　名： 山猪、豕舒胖子

英 文 名： Wild pig, Wild boar

特　　征： 大型哺乳动物，体躯健壮，四肢粗短，体长900～2 000 mm。雄猪比雌猪大。头较长，耳尖而小，吻部突出似圆锥体，顶端为裸露的软骨垫（即拱鼻）。脚高而细，每脚具4趾，仅中间2趾着地，蹄硬而黑。通体棕褐色或灰黑色，被粗糙的暗褐色或黑色鬃毛，在激动时竖立在脖子上形成一绺鬃毛，这些鬃毛可能发展成17 cm长。体背直不凹，尾巴细短。犬齿发达，雄性上犬齿外露，并向上翻转，呈獠牙状，可以用来作为武器或挖掘工具，犬齿平均长6 cm，其中3 cm露出嘴外；雌性犬齿较短，不露出嘴外，但也具有一定的杀伤力。成年体毛粗而稀，呈深褐色或黑色，冬天会变得较密。幼崽体毛浅棕色，具黑色条纹。

生活习性： 食性杂，包括草、果实、根、蠕虫、昆虫、鸟蛋、老鼠、蛇、腐肉、野兔等。嗅觉灵敏。栖息于山地、丘陵、荒漠、森林、草地和林丛间，环境适应性极强。白天通常不出来走动，一般于早晨和黄昏时分活动觅食，大多集群活动，喜欢在泥水中洗浴。身上的鬃毛具有保暖性，到了夏天，会脱掉鬃毛用来降温。活动范围一般在8～12 km^2，大多数时间在熟知的地段活动，会在领地中央的固定地点排泄。每群的领地大约10 km^2，在与其他群体发生冲突时，雄性负责守卫群体。常通过哼哼的叫声来进行远近距离的交流。

保护级别： IUCN物种濒危等级——无危（LC）、北京市重点保护野生动物

鹿科Cervidae

11 西伯利亚狍 *Capreolus pygargus* Pallas

别　　名： 矮鹿、东方狍、狍子

英 文 名： Siberian roe deer

特　　征： 中小型鹿类，体长950～1 350 mm。雄性较雌性大。鼻吻裸出无毛。眼大，具眶下腺。耳短宽而圆，内外均被毛。无獠牙。颈和四肢都较长，后肢略长于前肢。蹄狭长，具敖腺。尾很短，隐于体毛内。雄性头部具短角，仅有三叉，无眉叉，角干直，基部粗糙有皱纹，角在秋季或初冬时会脱落。成体吻棕色，鼻端黑色。两颊黄棕色。耳基黄棕色，耳背灰棕色，耳内淡黄色近于白色，耳尖黑色。额、颈和体背暗棕色稍带棕黄色。下颌淡黄色。喉灰棕色。腹部淡黄色。四肢外侧沙黄色，内侧较淡。尾淡黄色，臀部具明显的白色块斑。冬毛较均一，呈灰白色至浅棕色；夏毛红赭色。耳毛黑色；腹毛白色，冬季呈黄褐色；腿毛茶色。

生活习性： 喜食灌木的嫩枝、芽、树叶和各种青草、小浆果、蘑菇等，经常舔盐。常活动于疏林带、河谷及缓坡，日间多栖于密林中，早晚时分才会在空旷的草场或灌木丛活动。性情胆小，晨昏活动，晚上最活跃。

保护级别： 国家三有保护野生动物、IUCN物种濒危等级——无危（LC）、北京市重点保护野生动物

鸟纲
Aves

鸡形目Galliformes

雉科Phasianidae

12 环颈雉 *Phasianus colchicus* Linnaeus

别　　名： 鹳鹳、雉、山鸡、野鸡、雉鸡

英 文 名： Ring-necked pheasant, Common pheasant

特　　征： 体形较家鸡略小，但尾羽尖长，体长590 ~ 870 mm，雌鸟比雄鸟小。雄鸟羽色华丽，头部具蓝绿色光泽，有显眼的耳羽簇，眼周裸露部绯红色。头顶棕褐色，眉纹白色。嘴暗白色，基部灰色。前额和上嘴基部羽毛黑色。颈部黑色，具绿色或紫色金属光泽，下方有一圈显著白色环纹。胸部铜红色带紫色，具金属光泽。腹部黑褐色。全身点缀着发光羽毛，由墨绿色至铜绿色至金色。两翼灰色。尾羽尖长，褐色并带黑色横纹。跗跖黄绿色，具短距。雌鸟羽色暗淡，大都为褐色和棕黄色，密布浅褐色斑纹。头顶和后颈棕白色，具黑色横斑。颏、喉棕白色，下体余部沙黄色，胸、两胁具黑色带棕色的斑纹。肩和背栗色，密布黑纹和淡红白色羽缘。下背、腰和尾上覆羽棕红色和淡棕色，具黑色中央纹和窄灰白色羽缘。尾羽较雄鸟短，呈灰棕褐色。跗跖红绿色，无距。

生活习性： 食性杂，主要以植物的叶、芽、果实、种子和昆虫及其他小型无脊椎动物为食，食物随季节变化而不同。常活动于山地疏林、林缘灌丛及草地中。脚强健，善于奔跑和藏匿，飞行速度较快，但飞行距离不远。

居 留 型： 留鸟

保护级别： 国家三有保护野生动物、IUCN物种濒危等级——无危（LC）

（雌）

（雄）

13 勺鸡 *Pucrasia macrolopha* Lesson

别　　名：柳叶鸡、角鸡
英 文 名：Koklass pheasant
特　　征：体形中等，体长390～625 mm，雌鸟比雄鸟小。雄鸟头顶棕褐色，冠羽细长，后部枕冠长，呈黑色，具辉绿色羽缘。虹膜褐色，下眼睑具1块小白斑。嘴黑色。颏和喉黑色，具暗绿色金属光泽；喉部光泽较暗淡。颈侧具1块大白斑，颈侧白斑后面与背的极上部淡棕黄色形成领环状。上体羽毛紫灰色，呈披针形，内外翈具黑色沾栗色的纵条纹，两者合成"V"形。喉部至下腹染栗色，下腹羽基黑褐色，端部浅栗棕色。体侧与上体相似，但颜色较浅淡。肩羽大部棕褐色，具白色或皮黄色羽干纹。翅上覆羽黑褐色，具灰色沾黑褐色细点的轴纹及纯灰色羽缘；初级飞羽黑褐色，具棕白色羽端；次级飞羽黑褐色，具棕褐色虫蠹状细斑。尾下覆羽暗栗色，具黑色次端斑和白色端斑。跗跖暗红色。雌鸟头顶、额及冠羽的羽基黑色，羽端棕褐色，外侧冠羽棕色沾黑色，具黑色羽缘；头侧棕褐色。眼后具棕白色的宽阔眉纹，密布黑点。颏、喉及耳羽下具白色沾棕色的块斑和黑色颧纹。上体大部棕褐色，上背具特大的黑色斑，下背与尾上覆羽同色。喉至下腹及两胁大都淡栗黄色，下腹中央白色沾棕色。肩羽绒黑色，羽缘棕褐色，具黑色斑。两翅覆羽棕褐色，黑色斑较少。尾下覆羽栗红色，羽端洁白。
生活习性：主要以植物的嫩芽、嫩叶、花、根、种子及果实等为食，也会少量取食昆虫及蜗牛等小型动物。常单独或成对活动于山坡和山脚的沟缘灌丛、多岩林地。性机警，鸣声响亮粗犷。
居 留 型：留鸟
保护级别：国家二级重点保护野生动物、IUCN物种濒危等级——无危（LC）

拍摄：鹮鹀

雁形目Anseriformes

鸭科Anatidae

14 豆雁 *Anser fabalis* Latham

别　　名： 大雁、麦鹅、东方豆雁

英 文 名： Bean goose

特　　征： 大型雁类，体长690～800 mm。雌雄相似。成鸟头和颈棕褐色，颈部较长。虹膜褐色。鼻孔前端和嘴甲之间具橙黄色横斑，沿嘴侧缘向后延伸至嘴角。嘴基和嘴甲黑色，嘴甲圆形，具尖端。喉和胸淡棕褐色。肩和背灰褐色。腰黑褐色。腹污白色。两胁具灰褐色横斑。翅上覆羽灰褐色，初级覆羽黑褐色，羽缘黄白色；初级飞羽和次级飞羽黑褐色，三级飞羽灰褐色。尾羽黑褐色，羽端白色。尾上覆羽纯白色，尾下覆羽白色。跗跖橙黄色，爪黑色。

生活习性： 以苔藓、地衣及豆类、薯类等植物的嫩叶和嫩芽等为食，也会取食少量软体动物。多在早晨和下午觅食，中午多在湖中水面或河湖岸边休息。性喜集群，常集成大群活动于开阔平原草地、沼泽、水库、湖泊及附近农田地带。性机警，不易接近；飞行时双翼拍打用力，振翅频率高。

居 留 型： 旅鸟

保护级别： 国家三有保护野生动物、IUCN物种濒危等级——无危（LC）、北京市重点保护野生动物

15 鸳鸯 *Aix galericulata* Linnaeus

别　　名： 官鸭、匹鸟、乌仁哈钦、邓木鸟

英 文 名： Mandarin duck

特　　征： 中型鸭类，体长400～450 mm。雄鸟额和头顶中央羽翠绿色，带金属光泽，头顶两侧具纯白色的眉纹。枕部铜赤色，与后颈的暗紫色长羽组成羽冠。眼先淡黄色，眼上方和耳域棕白色。嘴暗红色，尖端白色。颊具棕栗色斑。颏、喉等栗色。颈侧具长矛形的辉栗色翎羽，羽轴淡黄色。体背和腰暗褐色，带铜绿色金属光泽。内侧肩羽紫蓝色，外侧肩羽数枚纯白色，镶黑边。上胸和胸侧呈暗紫色金属光泽，下胸两侧绒黑色，具2个白色半圆形斑。翅上覆羽与背部同色，下胸和尾下覆羽乳白色，近腰胁羽先端具黑白相间的横斑，其后两胁为紫赭色，尾羽暗褐色，带金属绿色。雌鸟头和后颈灰褐色，无冠羽。眼周白色，眼周附近具白色眉纹。嘴基白色。上体和腰灰褐色。颏、喉白色。胸、胸侧和两胁暗棕褐色，散布淡色斑点。背部羽色灰褐色，羽干较暗，稍带金属光泽。腹和尾下覆羽白色。两翅和雄鸟相似，但无金属光泽和帆状饰羽。

生活习性： 食性杂，繁殖季节以昆虫、小型鱼类、蛙类等动物为食，其余季节以忍冬、栎树等植物的根、叶、种子及果实为食。常成群活动于开阔的河滩或水塘附近。善游泳和潜水，性机警，极善隐蔽。

居 留 型： 旅鸟/留鸟

保护级别： 国家二级重点保护野生动物、IUCN物种濒危等级——无危（LC）

16 绿头鸭 *Anas platyrhynchos* Linnaeus

别　　名： 对鸭、青边、大麻鸭、大红腿鸭、大绿头

英 文 名： Mallard

特　　征： 大型鸭类，体长470～620 mm。雄鸟头颈绿色带金属光泽，颈基部有1个明显的白色颈环。嘴黄绿色或橄榄绿色，嘴端暗棕黄色。颏近黑色。上背和两肩褐色，密布灰白色波状细斑，羽缘棕黄色。下背黑褐色，腰和尾上覆羽黑色，微具绿色光泽。中央2对尾羽黑色，向上卷曲成钩状，外侧尾羽灰褐色，白色羽缘。两翅灰褐色，翼镜呈金属紫蓝色。上胸浓栗色，具浅棕色羽缘。下胸和两胁灰白色，腹部色淡，均密布暗褐色波状细斑。跗跖红色。雌鸟头顶至枕部黑色，头侧、后颈和颈侧浅棕黄色，具黑褐色细纹。嘴黑褐色，嘴端暗棕黄色。颏和前颈浅棕红色。上体黑褐色，具棕黄色或棕白色羽缘，形成明显的“V”形斑。尾羽淡褐色，羽缘淡黄白色。两翅灰褐色，具紫蓝色翼镜。跗跖橙黄色。

生活习性： 食性杂，主要以野生植物的叶、芽、茎、种子，以及水藻等为食，也食用软体动物、甲壳类及水生昆虫等。多在清晨和黄昏觅食，白天常在河湖岸边和湖心沙洲休息，或在开阔的水面游泳。常集成大群栖息于水生植物丰富的湖泊、河流等水域中。性好动，叫声清脆响亮，具有半睡半醒习性。

居 留 型： 旅鸟/夏候鸟/冬候鸟

保护级别： 国家三有保护野生动物、IUCN物种濒危等级——无危（LC）

17 花脸鸭 *Sibirionetta formosa* Georgi

别　　名： 巴鸭、晃鸭、黑眶鸭、王鸭、元鸭、黄尖鸭、眼镜鸭

英 文 名： Baikal teal

特　　征： 小型鸭类，体长375～430 mm。雄鸟（繁殖羽）头顶至后颈黑褐色，具淡棕色羽端。颊部自眼后具1条宽阔的翠绿色金属带斑，延伸至后颈下部。翠绿色带斑与头颈部黑褐色间具白色窄纹，其余颊部乳黄色。翠绿色带斑与乳黄色斑间有黑白两色细线相隔。虹膜棕色或棕褐色，眼周黑色，下部具1条黑纹并向下延伸至喉部。嘴黑色。颏、喉和前颈上部黑褐色。上背和两胁蓝灰色，密布黑褐色波状细纹；下背至尾上覆羽暗褐色，具淡色羽缘。胸淡棕色，满布暗褐色点斑；下胸两侧各具1条宽阔的白色横带。腹部白色。肩羽内翈棕白色，外翈绒黑色，具宽的棕红色羽缘。翅上覆羽暗褐色；大覆羽具宽的棕色端斑，形成翼镜前面棕色边缘。尾羽褐色，具细狭的棕白色羽缘；尾下覆羽黑褐色，中部具棕白色端斑，两侧具白色宽带和暗棕色羽缘。雌鸟头顶褐色较浓，近黑色，密布棕色羽端；头侧和颈侧白色，具暗褐色细纹。眼先在嘴基处具棕白色或白色圆斑，眼后上方具棕白色眉纹。颏棕白色。喉和前颈白色。上体暗褐色，羽缘稍淡。胸部斑点较雄鸟少。腹白色，下腹中央微具淡褐色粗斑。两胁暗褐色，具浅棕色羽缘。

生活习性： 主要以藻类等水生植物的芽、嫩叶、果实和种子为食，也会捕食螺、软体动物、水生昆虫等小型无脊椎动物。多在黄昏和晚上觅食，常成群活动于河湖、沼泽、水库及沟渠等地带的浅水处及水草漂浮的水面。鸣声嘈杂洪亮。

居 留 型： 旅鸟

保护级别： 国家二级重点保护野生动物、IUCN物种濒危等级——无危（LC）

（雌）

䴙䴘目Podicipediformes

䴙䴘科Podicedidae

18 凤头䴙䴘 *Podiceps cristatus* Linnaeus

别　　名：大凤头䴙䴘、债䴙䴘、浪里白、水驴子、水老呱

英 文 名：Great crested grebe

特　　征：体形最大的䴙䴘，体长450～580 mm。雄鸟和雌鸟较相似，前额和头顶黑褐色。头顶两侧羽毛延长，形成两束黑色长形冠羽，黑色冠羽两侧具长形饰羽形成的环状皱翎，皱翎基部棕栗色、端部黑色。其余头侧、脸和颏部白色。虹膜橙红色，眼先裸露。嘴形直、细而侧扁，黑褐色，基部红色，尖端苍白色，冬季嘴为红色。前颈、胸、腹和下体白色。后颈、背和腰黑褐色。两胁和胸侧栗褐色。内侧肩羽黑褐色，外侧肩羽、翼缘覆羽和翼上小覆羽白色。尾羽短而不显。跗跖内侧黄绿色，外侧橄榄绿色，趾侧具瓣蹼，瓣蹼十分发达。爪钝而宽阔，呈指甲状，中趾内缘呈锯齿状，后趾短小。冬羽和夏羽基本相似，但上体羽色较暗，头顶冠羽短，皱翎消失。

生活习性：主要以各种鱼类为食，也会捕食昆虫、虾、蝌蚪、甲壳类、软体动物等无脊椎动物。常成对或小群活动于长有芦苇、水草等开阔的水面。善游泳和潜水，飞行较快，两翅鼓动有力，但在地上行走困难。

居 留 型：旅鸟/夏候鸟

保护级别：国家三有保护野生动物、IUCN物种濒危等级——无危（LC）、北京市重点保护野生动物

19 小䴙䴘 *Tachybaptus ruficollis* Pallas

别　　名： 王八鸭子、水葫芦、油鸭、油葫芦

英 文 名： Little grebe

特　　征： 体形较小，体长220～315 mm。成鸟（夏羽）上体黑褐色，部分羽毛尖端苍白。虹膜黄色。嘴黑色，端部白色。眼先、颏、上喉黑褐色。下喉、耳羽、颈侧红栗色。前胸、两胁和肛周均灰褐色，前胸羽端苍白或白色。后胸和腹丝光白色带灰褐色。初级、次级飞羽灰褐色，初级飞羽尖端灰黑色，次级飞羽尖端白色。大、中覆羽暗灰黑色，小覆羽淡黑褐色。成鸟（冬羽）额淡灰褐色。头顶和后颈黑褐色。颈部较头颜色深，并带栗色和白色横斑。颏和喉白色，下喉带黄色。颊、耳羽及颈侧淡黄褐色，具白色斑纹。上体灰褐色。腰两侧淡黄棕色。前胸和两胁淡黄棕色。胁部羽端黑褐色。跗跖和趾石板灰色。

生活习性： 主要以蜻蜓、蛙、小型鱼类、虾类、甲壳类及软体动物等为食。单独、成对或小群活动于湖泊、水塘、水渠和沼泽等地带，通常在白天潜水觅食。性活跃，善游泳和潜水，在陆地上能行走，但行动迟缓笨拙。

居 留 型： 旅鸟/夏候鸟/留鸟

保护级别： 国家三有保护野生动物、IUCN物种濒危等级——无危（LC）、北京市重点保护野生动物

鸽形目Columbiformes

鸠鸽科Columbidae

20 岩鸽 *Columba rupestris* Pallas

别　　名：野鸽子、横纹尾石鸽、山石鸽

英 文 名：Hill pigeon, Blue hill pigeon

特　　征：体形小，体长230～350 mm。雄鸟头、颈和上胸石板蓝灰色，颈和上胸缀金属铜绿色和紫红色，具光泽。虹膜橙黄色。嘴黑色，嘴基柔软被蜡膜，嘴端膨大具角质。颏和喉暗石板灰色。肩和上背灰色，下背白色。腰和尾上覆羽暗石板蓝灰色。下体上胸以下渐变为灰色，至腹部变为灰白色。腋羽纯白色。翅上覆羽浅石板灰色，大覆羽和内侧飞羽具2条不完整的黑色横带；初级飞羽黑褐色，次级飞羽末端褐色。尾石板灰黑色，先端黑褐色，近尾端处有1条宽阔的白色横带。跗跖和趾暗红色，胫全被羽，爪黑褐色。雌鸟与雄鸟相似，但雌鸟的羽色较雄鸟暗淡，胸部的紫色光泽也较少。

生活习性：主要以野生植物的小型果实、坚果、球茎和块根等为食，也会取食谷粒、青稞、玉米、大豆等农作物种子。常成小群在山谷和平原田野处觅食，活动于山地岩石和悬崖峭壁。性较温顺；鸣声为“咕咕”声，鸣叫时频频点头。

居 留 型：留鸟

保护级别：国家三有保护野生动物、IUCN物种濒危等级——无危（LC）、北京市重点保护野生动物

21 山斑鸠 *Streptopelia orientalis* Latham

别　　名： 麦鶽、斑鸠、雉鸠、金背斑鸠
英 文 名： Rufous turtle dove, Oriental turtle dove
特　　征： 中等大小，体长260 ~ 360 mm。雌雄较相似，前额和头顶前部蓝灰色，头顶后部至后颈转为带栗色的棕灰色。颏、喉棕色带粉红色。虹膜金黄色或橙色，嘴暗铅蓝色。颈基两侧各具1块黑羽，羽缘为蓝灰色，形成显著黑灰色颈斑。上背褐色，各羽缘红褐色；下背和腰蓝灰色。下体为葡萄酒红褐色。腹淡灰色。两胁、腋羽和尾下覆羽蓝灰色。肩和内侧飞羽黑褐色，具红褐色羽缘；外侧中覆羽和大覆羽深石板灰色，羽端较淡；飞羽黑褐色，具较淡的狭缘。尾上覆羽和尾褐色，具蓝灰色羽端，越向外侧越宽阔。跗跖洋红色，爪角褐色。
生活习性： 主要以各种农林植物的果实、种子、草籽、嫩叶和幼芽为食，也会捕食鳞翅目、鞘翅目等昆虫。多在林下地上或林缘觅食，常成对或小群活动于树上和地面，地面活动时十分活跃。飞行时两翅鼓动频繁，直而迅速。
居 留 型： 留鸟
保护级别： 国家三有保护野生动物、IUCN物种
濒危等级——无危（LC）

22 珠颈斑鸠 *Streptopelia chinensis* Scopoli

别　　名： 珍珠鸠、鸪鷉、花脖斑鸠、花斑鸠、鸪雕、鸪鸟、中斑、斑颈鸠、珠颈鸽

英 文 名： Spotted dove, Spot-necked dove

特　　征： 小型鸟类，体长270～340 mm。雄鸟头鸽灰色，头顶淡粉红灰色，头侧、枕和颈粉红色。前额淡蓝灰色。虹膜橘黄色。嘴黑色。颏白色。后颈具一大块黑色领斑，满布珠状的白色或黄白色细小斑点。喉、胸及腹粉红色。上体褐色，下体粉红色。两胁、翅下覆羽、腋羽和尾下覆羽灰色。中央尾羽黑褐色，外侧尾羽黑色。翼缘、外侧小覆羽和中覆羽蓝灰色，其余覆羽淡褐色。飞羽深褐色，羽缘较淡。跗跖紫红色，爪角褐色。雌鸟羽色和雄鸟相似，但不如雄鸟辉亮，光泽较少。

生活习性： 主要以农林植物的种子为食，也会捕食蝇蛆、蜗牛和昆虫等小型动物。常成小群活动于山地或草地附近的稀疏树木上，栖息环境较为固定，通常在天亮后离开栖息树到地上觅食。飞行快速，两翅扇动较快，但不能持久。

居 留 型： 留鸟

保护级别： 国家三有保护野生动物、IUCN物种濒危等级——无危（LC）

23 灰斑鸠 *Streptopelia decaocto* Frivaldszky

别　　名： 领斑鸠

英 文 名： Ring dove, Collared turtle dove

特　　征： 体形中等，体长250 ~ 340 mm。成鸟额和头顶前部灰色，向后渐变为浅粉红灰色。虹膜和眼睑红色，眼周裸露部白色或浅灰色。嘴近黑色。后颈基部具黑色半月形领环，环外被灰白色或白色羽毛。两肩、背和腰淡葡萄灰褐色。颏和喉白色，两胁蓝灰色，其余下体淡粉红灰色。翼下覆羽白色。翅上小覆羽淡葡萄灰褐色，其余翅上覆羽淡灰色或蓝灰色；飞羽黑褐色，内侧初级飞羽沾灰色。尾上覆羽淡葡萄灰褐色。中央尾羽葡萄灰褐色，外侧尾羽灰白色或白色。尾下覆羽蓝灰色。跗跖和趾暗粉红色，爪黑色。

生活习性： 主要以各种农林植物的果实和种子为食，也会取食少量昆虫等小型动物。喜群居，常成小群或与其他斑鸠混群活动于平原、山脚和低山丘陵的灌丛、果园及农田。性温顺，鸣声重复、响亮刺耳。

居 留 型： 留鸟

保护级别： 国家三有保护野生动物、IUCN物种濒危等级——无危（LC）

沙鸡目Pterocliformes

沙鸡科Pteroclidae

24 毛腿沙鸡 *Syrrhaptes paradoxus* Pallas

别　　名： 沙鸡、寇雉、鸈鸠、突厥雀、沙半斤

英 文 名： Pallas's sandgrouse

特　　征： 体形中等，体长260 ~ 430 mm。雄鸟前额、头顶前部和头侧锈黄色，头顶后部和后颈棕灰色，颈侧灰色，后颈基部两侧锈红色。虹膜暗褐色。嘴蓝灰色。颏棕色。上体沙棕色，满布黑色横斑；肩和背横斑较粗且稀少。喉锈红色。胸棕灰色，下胸具1条被黑色细斑的棕白色宽条带。腹淡沙棕色，中央具1个延伸至两胁的大黑斑。翅上覆羽沙棕色，初级覆羽棕色较淡，中央具宽阔的黑色斑纹；中覆羽具黑色圆形端斑；大覆羽外翈先端栗色。初级飞羽大部分蓝灰色，羽轴黑色；次级飞羽沙棕色，外翈具黑褐色纵纹；三级飞羽沙棕色，具蓝灰色或黑色斑纹。尾羽羽轴黑色；尾下覆羽白色，较长的尾下覆羽具灰黑色羽干纹；中央尾羽沙棕色，羽干两侧具灰色横斑，羽缘黑褐色；外侧尾羽外翈蓝灰色，内翈沙棕色，具黑褐色横斑。跗跖和趾密被短羽，爪黑色。雌鸟与雄鸟相似。头顶、颈和耳羽具黑色羽干纹，颈侧具棕黄色块斑。前额、颏、喉和眉纹棕黄色。下颈与胸部具1条黑褐色细环，胸侧满布黑色斑点。背部具波浪状短狭黑色斑。翅上小覆羽和中覆羽具黑色斑点。

生活习性： 主要以野生植物的种子、浆果、嫩芽、嫩枝和嫩叶等为食。常成大群活动于平原草地、森林和沙石旷野。行走时身体左右摆动，飞行时呈波浪式前进，通常贴地面低空飞行。

居 留 型： 旅鸟/冬候鸟

保护级别： 国家三有保护野生动物、IUCN物种濒危等级——无危（LC）、北京市重点保护野生动物

鹃形目Cuculiformes

杜鹃科Cuculidae

25 大杜鹃 *Cuculus canorus* Linnaeus

别　　名：郭公、布谷、喀咕、获谷、杜宇

英 文 名：Common cuckoo

特　　征：体长270～340 mm。雄鸟额浅灰褐色。头顶、枕至后颈暗银灰色。虹膜黄色。嘴黑褐色，下嘴基部近黄色。上体纯暗灰色。头侧、前颈、颈侧、颏、喉和上胸淡灰色，其余下体白色，散布黑褐色细窄横斑。胸及两胁横斑较宽。腰蓝灰色。两翅内侧覆羽暗灰色，外侧覆羽暗褐色。飞羽暗褐色，羽干黑褐色；初级飞羽具白色横斑，翅缘白色，具暗褐色细斑纹。尾上覆羽蓝灰色；中央尾羽黑褐色，羽轴纹褐色，两侧缀白色细斑点；两侧尾羽浅黑褐色，羽干两侧具较大的白色斑点，内侧边缘具白色斑点和端斑。跗跖棕黄色。雌鸟与雄鸟相似，但雌鸟上体灰色沾褐色，胸呈棕色。

生活习性：主要以鳞翅目昆虫的成虫及幼虫为食，也会捕食鞘翅目、双翅目等昆虫。常单独活动于山地、丘陵和平原地带的森林或农田、民居附近的高大乔木。性孤僻，鸣声凄厉洪亮，飞行快速有力。

居 留 型：夏候鸟

保护级别：国家三有保护野生动物、IUCN物种濒危等级——无危（LC）、北京市重点保护野生动物

26 四声杜鹃 *Cuculus micropterus* Gould

别　　名： 印度喀咕、豌豆八哥、家婆打我、快快割谷、花喀咕、光棍好过、关公好哭

英 文 名： Short winged cuckoo, Indian cuckoo

特　　征： 中型鸟类，体长300 ~ 335 mm。成鸟头顶至枕部暗灰色，头侧浅灰色带褐色。额暗灰色沾棕色。虹膜暗褐色，眼睑铅绿色。上嘴角黑色，基部较淡；下嘴角绿色，嘴角处较黄。眼先、颏、喉、前颈和上胸淡灰色。后颈、背和腰褐色。下胸、两胁和腹白色，具宽阔的黑褐色横斑。胸和颈基两侧浅灰色，羽端浓褐色，具棕褐色斑点，并形成棕褐色半圆形胸环。下腹至尾下覆羽污白色，羽干两侧具黑褐色斑块。翅上覆羽和次级、三级飞羽浓褐色；初级飞羽浅黑褐色，内侧具白色横斑。中央尾羽棕褐色，近端部具宽阔的黑色斑和棕白色羽缘，羽干及两侧具棕白色斑块；其余尾羽褐色，具黄白色横斑，羽干及两侧尾端和羽缘白色。跗趾蜡黄色至橙黄色。幼鸟头、颈满布棕白色横斑。背及翼上覆羽、飞羽等端部棕色，最末端近白色；翼下覆羽及翅缘棕白色。下体为淡黄色，密布黑色横斑。尾部与成鸟相似，但呈棕色，具较多横斑。

生活习性： 喜食鳞翅目昆虫的成虫及幼虫，兼食鞘翅目昆虫和一些植物种子。活动于山地、山脚平原地带的混交林、阔叶林和林缘疏林；游动性较大，无固定的居留地。性机警，受惊后迅速起飞，飞行速度较快。

居 留 型： 夏候鸟

保护级别： 国家三有保护野生动物、IUCN物种濒危等级——无危（LC）、北京市重点保护野生动物

27 东方中杜鹃 *Cuculus optatus* Gould

别　　名： 筒鸟、中喀咕、蓬蓬鸟、山郭公

英 文 名： Oriental cuckoo

特　　征： 体形略小，体长约260 mm，灰色。腹部及两肋多具宽的横斑。雄鸟及灰色雌鸟胸及上体灰色，尾纯黑灰色而无斑，下体皮黄色具黑色横斑。亚成鸟上体棕褐色密布黑色横斑，近白色的下体具黑色横斑直至颏部。虹膜红褐色，眼圈黄色，嘴角质色，脚橘黄色。叫声的音为四声而无调，有时后面还接着一连串平静的“bubu”声。与大杜鹃及四声杜鹃区别在于胸部横斑较粗较宽，鸣声也有异。棕红色型雌鸟与大杜鹃雌鸟区别在于腰部具横斑。

生活习性： 隐于林冠的鸟种，除春季繁殖期叫声非常频繁外，其他时间很难见到。主要以鳞翅目和鞘翅目昆虫为食。

居 留 型： 夏候鸟

保护级别： 国家三有保护野生动物、IUCN物种濒危等级——无危（LC）

（雌）

（雄）

28 噪鹃 *Eudynamys scolopaceus* Linnaeus

别　　名： 鬼郭公、婆好、嫂鸟、哥好雀

英 文 名： Asian koel

特　　征： 中型鸟类，体长370～430 mm。雄鸟通体蓝黑色，具蓝色光泽，下体沾绿色。虹膜深红色。嘴白色至土黄色或浅绿色，基部较灰暗。尾与翅几乎等长。跗跖裸露，蓝灰色。雌鸟上体暗褐色，略带金属绿色光泽，满布白色小斑点。头部颜色较淡而显棕色，密布白色点状斑，在头部常聚集成纵纹状，在尾部和飞羽呈横斑状。颏部至上胸黑色，满布白色粗点斑。背、翅上覆羽、飞羽及尾羽呈横斑状排列。其余下体、腋羽及翼下覆羽白色，具不整齐的黑色横斑。跗跖裸露，淡绿色。

生活习性： 主要以农林植物的果实、种子为食，也会食用鳞翅目、鞘翅目等昆虫的成虫及幼虫。多单独活动于山地、丘陵、山脚平原等林木稠密的地带，隐蔽于大树顶层茂盛的枝叶丛中。飞行快速而无声，雄鸟鸣声响亮清脆。

居 留 型： 夏候鸟

保护级别： 国家三有保护野生动物、IUCN物种濒危等级——无危（LC）

拍摄：宋会强

拍摄：贺建华

29 大鹰鹃 *Hierococcyx sparverioides* Vigors

别　　名： 鹰头杜鹃、子规、定水盆、叫水龙

英 文 名： Large hawk cuckoo

特　　征： 体形较大，体长350 ~ 410 mm。成鸟雌雄大体相似。头和颈侧乌灰色。虹膜黄色至橙色，眼先近白色。嘴暗黑色，下嘴端部和嘴裂近缘淡绿色。上体和两翅表面淡灰褐色。颏暗灰色至近黑色，具1条灰白色髭纹。胸部栗棕色，喉胸部具暗灰色纵纹。腹部白色，具较宽的暗褐色横纹。尾部长阔，灰褐色，具5条暗褐色和3条淡灰棕色带斑，尾基部在覆羽下隐掩1条白色带斑。尾上覆羽较暗，各羽具宽阔的次端斑及狭形的近灰白色或棕白色羽端。幼鸟虹膜褐色。上体褐色，微具棕色横斑。颏黑色，其余下体淡棕黄色。各羽中央具1条宽阔的黑色纵纹或点斑。胸侧具宽的横斑。两胁和腿覆羽具浓黑色横斑。

拍摄：牛霞

生活习性： 主要以鳞翅目、直翅目、膜翅目及鞘翅目等昆虫为食。常单独活动于山区、山地平原地带和阔叶林中乔木上，多隐藏于树冠枝叶间。飞行快速迅捷，鸣声清脆响亮。

居 留 型： 夏候鸟

保护级别： 国家三有保护野生动物、IUCN物种濒危等级——无危（LC）

拍摄：宋健

鹤形目Gruiformes

秧鸡科Rallidae

30 黑水鸡 *Gallinula chloropus* Linnaeus

别　　名： 红骨顶、江鸡、红冠水鸡、鷭

英 文 名： Common moorhen, Gray moorhen

特　　征： 中型涉禽，体长240～340 mm，雌鸟稍小。雌雄较相似。成鸟头、颈及上背灰黑色，头具鲜红色额甲，后缘钝圆。虹膜红色。鼻孔狭长。嘴长度适中，端部黄绿色，上嘴基部至额板深血红色，下嘴基部黄色。下体灰黑色，向后逐渐变浅，羽端微缀白色。下腹羽端白色较大，形成黑白相杂的块斑。两胁具宽阔的白色条纹。下背、腰、两翅覆羽和尾上覆羽暗橄榄褐色。翅下覆羽和腋羽暗褐色，羽端白色。尾下覆羽中央黑色，两侧白色。飞羽和尾羽黑褐色。脚黄绿色，胫上部裸露，具宽阔的红色环带。胫前方和两侧橙红色，后面暗红褐色。跗跖前面黄绿色，后面及趾石板绿色；趾很长，具狭窄的直缘膜或蹼，爪黄褐色。

生活习性： 主要以水生昆虫、蜘蛛、蜗牛及软体动物等为食，也食用水生植物的嫩叶、幼芽和根茎。白天活动和觅食，不耐寒，常成对或小群活动于芦苇、水草或挺水植物遮挡的水域。善游泳和潜水，不善飞翔，飞行缓慢。

居 留 型： 夏候鸟/留鸟

保护级别： 国家三有保护野生动物、IUCN物种濒危等级——无危（LC）

31 白骨顶 *Fulica atra* Linnaeus

别　　名： 骨顶鸡、白冠鸡、骨顶、孤顶、水姑丁、大鹋、膨顶

英 文 名： Coot, Common coot

特　　征： 中型游禽，体长350 ~ 430 mm。雌鸟与雄鸟外形相似。成鸟头和颈纯黑色。额甲白色，端部钝圆。虹膜红褐色。嘴端灰色，基部淡肉红色。上体余部及两翅灰黑色，向体后渐变浅沾褐色。下体浅石板灰黑色，胸、腹中央羽色较浅，羽端苍白色。翅短圆，初级飞羽黑褐色，内侧飞羽羽端白色，形成明显的白色翼斑。尾短，端部方形或圆形，尾下覆羽黑色。跗跖短、细长，趾具宽的瓣蹼，瓣蹼橄榄绿色；爪黑褐色。幼鸟头顶黑褐色，具白色细纹和稀疏毛状纤羽。头侧、颏、喉及前颈灰白色，散布黑色小斑点。上眼眶淡紫蓝色。嘴和额红色。上体其余黑色，稍沾棕褐色。跗跖黑色。

生活习性： 食性杂，既食用小鱼、小鸟、软体动物、甲壳类及水生昆虫等，也食用水生植物的嫩叶、幼芽、果实和灌木浆果与种子。常成群活动于富有芦苇、三棱草等水边挺水植物的开阔水面上。善于游泳、潜水和鸣叫，危急时迅速在水面助跑起飞，两翅扇动迅捷，鸣声短促单调。

居 留 型： 夏候鸟/留鸟

保护级别： 国家三有保护野生动物、IUCN物种濒危等级——无危（LC）

鸻形目Charadriiformes

鹬科Scolopacidae

32 矶鹬 *Actitis hypoleucos* Linnaeus

别　　名：普通鹬

英 文 名：Common sandpiper, Eurasian sandpiper

特　　征：小型涉禽，体长160～210 mm。头、颈、背橄榄绿褐色，具古铜色光泽和纤细的黑色羽干纹；头侧灰白色，具纤细的黑褐色纵纹。眉纹白色。虹膜暗褐色，眼先灰褐色。嘴短而直，黑褐色，下嘴基部淡绿褐色。颏和喉白色。颊部、耳羽、颈侧和胸侧灰褐色，具纤细的暗褐色条纹；其余下体纯白色。腋羽和翼下覆羽白色，翼下具2条显著的暗色横带。肩羽和翅覆羽橄榄绿褐色，具绿灰色光泽；大覆羽末端具宽阔的白色羽缘；飞羽黑褐色，内侧初级飞羽内翈和次级飞羽基部白色，三级飞羽近端部具黑褐色横斑。中央尾羽橄榄褐色，端部具黑褐色横斑；外侧尾羽灰褐色，具白色端斑和白色与黑褐色相间的横斑。跗跖和趾灰绿色，爪黑色。

生活习性：主要以鞘翅目、直翅目、鳞翅目等昆虫为食，也会捕食蠕虫、蝌蚪、虾类、螺类及小鱼等小型动物。常活动于高山溪流、河流、水库、近岸浅滩和沼泽等地带。

居 留 型：旅鸟

保护级别：国家三有保护野生动物、IUCN物种濒危等级——无危（LC）

鹳形目Ciconiiformes

鹳科Ciconiidae

33 黑鹳 *Ciconia nigra* Linnaeus

别　　名：乌鹳、锅鹳、老鹳、黑老鹳、黑巨鹳、黑巨鸡

英 文 名：Black stork

特　　征：大型涉禽，体长1 000 ~ 1 170 mm。雌雄相似。成鸟头、颈、上体和上胸黑色，颈具辉亮的绿色光泽。虹膜褐色或黑色，眼周裸露皮肤为红色。鼻孔小，呈裂缝状。嘴长而直，基部较粗、往先端逐渐变细，颜色为红色，尖端较淡。背、肩和翅具紫色和青铜色光泽。下胸、腹和两胁白色，胸具紫色和绿色光泽。羽毛除胸腹部为白色外，其余均为黑色。尾较圆，尾羽12枚，尾下覆羽白色。脚甚长、红色；胫下部裸露，前趾基部间具蹼；爪钝而短。幼鸟头、颈和上胸褐色，颈和上胸具棕褐色斑点。嘴和脚灰褐色或橙红色。上体、两翅和尾黑褐色，具绿色和紫色光泽。下胸、腹、两胁和尾下覆羽白色，胸和腹中央微沾棕色。翅覆羽、肩羽、次级飞羽、三级飞羽和尾羽具淡皮黄褐色斑点。

生活习性：主要以鲫鱼、泥鳅等小型鱼类为食，也会捕食雏鸟、昆虫、蛙类、甲壳类、啮齿类和小型爬行类动物。白天常单独或成对活动于水边浅水处或沼泽地，晚上多成群栖息在水边沙滩或水中沙洲。性机警而胆小，听觉、视觉均很发达，善飞行，不善鸣叫。

居 留 型：夏候鸟/留鸟

保护级别：国家一级重点保护野生动物、IUCN物种濒危等级——无危（LC）

鲣鸟目Suliformes

鸬鹚科Phalacrocoracidae

34 普通鸬鹚 *Phalacrocorax carbo* Linnaeus

别　　名： 水老鸹、乌鬼、鹢、鸬鹚、黑鱼郎、鱼老鸹、鱼鹰、海鹈

英 文 名： Great cormorant, Common cormorant

特　　征： 大型游禽，体长700～870 mm。成鸟（夏羽）头、颈和冠羽黑色，具紫绿色金属光泽和白色丝状细羽。虹膜翠绿色，眼先橄榄绿色，眼周裸露部黄色。上嘴黑褐色，嘴缘和下嘴灰白色，散布红斑。上体黑色；肩、背和翅覆羽铜绿棕色，具金属光泽，羽缘暗铜蓝色。颊、颏和上喉白色，呈半环状，后缘沾棕褐色；其余下体蓝黑色，具金属光泽；下胁具白色斑块。初级飞羽黑褐色，次级飞羽和三级飞羽灰褐色，具绿色金属光泽。尾圆形，尾羽灰黑色，羽干基部灰白色。冬羽与夏羽相似，但头无羽冠，头和颈无白色丝状细羽；颊、颏和上喉浅灰棕色；下胁的白色斑块不显或消失。

生活习性： 主要以鱼类和甲壳类动物为食。常成小群活动于河流、湖泊、池塘、水库、河口及沼泽等地带。善游泳和潜水；飞行高度较低，飞行力很强。

居 留 型： 旅鸟

保护级别： 国家三有保护野生动物、IUCN物种濒危等级——无危（LC）、北京市重点保护野生动物

鹈形目Pelecaniformes

鹭科Ardeidae

35 黄斑苇鳽 *Ixobrychus sinensis* Gmelin

别　　名：黄苇鳽、黄小鹭、黄秧鸡、黄尾鹅、水骆驼、小老等

英 文 名：Yellow bittern, Chinese little bittern

特　　征：中型涉禽，体长295～375 mm。雄鸟头顶、额、枕部和冠羽铅黑色，微带灰白色纵纹。头侧、后颈和颈侧棕黄白色。虹膜金黄色，眼先裸露部呈黄绿色。嘴峰黑褐色，两侧和下嘴黄褐色。颈基部和上胸具黑褐色块斑。背和肩淡黄褐色。下体颏至喉淡黄白色，喉至胸淡黄褐色，胸侧羽缘棕红色。腰暗褐灰色。腹和尾下覆羽淡黄白色。两胁、腋羽和翼下覆羽黄白色。初级飞羽、次级飞羽和尾羽黑色，三级飞羽黄褐色。翅上覆羽淡黄褐色。尾上覆羽暗褐灰色。跗跖和趾黄绿色，爪角褐色，中趾爪的内侧具栉缘。雌雄大体相似。但雌鸟头顶为栗褐色，具黑色纵纹。上体淡棕褐色，具暗褐色纵纹。下体颏、喉部中央具黄白色纵纹，颈至胸具淡褐色纵斑。

生活习性：主要以小鱼、虾、蛙、水生昆虫等动物为食。多在清晨和傍晚活动，常单独或成对活动于富有水边植物的开阔水域，性机警。

居 留 型：夏候鸟

保护级别：国家三有保护野生动物、IUCN物种濒危等级——无危（LC）

36 池鹭 *Ardeola bacchus* Bonaparte

别　　名： 沙鹭、沼鹭、红毛鹭、田螺鹭、红头鹭鸶、花窖子

英 文 名： Chinese pond heron

特　　征： 体形略小，体长370～540 mm。成鸟（夏羽）头顶、头侧、冠羽和颈侧栗色，具分叉状的羽端；前颈具1条白线。虹膜金黄色，眼先裸露部黄绿色。嘴黄色，尖端黑色，基部蓝色。颏和喉白色。前胸与胸侧栗紫色。背羽蓝黑色，延伸成蓑羽状。腰、腹、两胁、翅和尾白色。腋羽、翼下覆羽和尾下覆羽白色。跗跖和趾浅黄色。成鸟（冬羽）头顶白色，具密集的黑褐色条纹。颈淡皮黄白色，具厚密的黑褐色条纹。背羽和肩羽暗黄褐色，较夏羽短。胸淡皮黄白色，具密集粗著的褐色条纹。

生活习性： 主要以鱼、虾、螺、蛙、泥鳅、水生昆虫及蝗虫等为食，也会取食少许植物性食物。常单独或小群活动于池塘、湖泊、水库、沼泽及湿地等水域及水域附近的林木中。

居 留 型： 夏候鸟

保护级别： 国家三有保护野生动物、IUCN物种濒危等级——无危（LC）

繁殖羽

37 苍鹭 *Ardea cinerea* Linnaeus

别　　名：灰鹭、灰鹳、灰鹭鸶、青庄
英 文 名：Grey heron
特　　征：大型涉禽，体长750～1 050 mm。雌雄相似。成鸟体纤细瘦长。头、颈、脚和嘴都特长。头顶中央和颈白色，前颈中部具2～3列黑色纵斑纹，颈基部具灰白色披针形长羽。头侧、枕部和羽冠黑色，羽冠由4根细长的羽毛形成，位于头顶和枕部两侧。虹膜黄色，眼先裸露部黄绿色。嘴黄绿色。颏和喉白色。上体自背至尾上覆羽苍灰色。两肩具长、尖而下垂的苍灰色羽毛，羽端分散，呈白色或近白色。胸和腹白色，前胸两侧各具1块大的紫黑色斑。两胁微缀苍灰色。腋羽及翼下覆羽灰色。初级飞羽、初级覆羽及外侧次级飞羽黑灰色，内侧次级飞羽灰色。三级飞羽暗灰色，具长、尖而下垂的羽毛。大覆羽外侧浅灰色，内侧灰色；中覆羽和小覆羽浅灰色。尾羽暗灰色。腿部羽毛白色。跗跖和趾黄褐色或深棕色，爪黑色。
生活习性：主要以泥鳅、虾、蛙、蜥蜴、昆虫、鸟类和小型鱼类等动物为食。通常在晨昏觅食，晚上多成群栖息于高大的树上；常成对和小群活动于江河、溪流、湖泊和水塘等水域浅水处和沼泽地。性孤僻，行动灵活敏捷，飞行时翼显沉重。
居 留 型：旅鸟/夏候鸟
保护级别：国家三有保护野生动物、IUCN物种濒危等级——无危（LC）

38 中白鹭 *Ardea intermedia* Wagler

别　　名：春锄
英 文 名：Intermediate egret
特　　征：中型涉禽，体长620 ~ 700 mm。雌雄羽色相似。成鸟呈纺锤形，通体纯白色，体羽疏松，具丝状蓑羽。成鸟（夏羽）头后具不明显的冠羽。虹膜黄色，眼先裸露部绿黄色。嘴黑色。前颈下部和背部具披针形长饰羽。胸部具一簇长的离散状蓑羽。腿部被羽毛。跗跖和趾黑色。成鸟（冬羽）无冠羽，嘴黄色，上嘴先端黑色，胸和背蓑羽短而不显著。
生活习性：主要以蝗虫、蝼蛄等水生和陆生昆虫及鱼、虾、蛙、蛇、蜥蜴等小型动物为食。常活动于河流、湖泊、河滩、沼泽、河口和水塘岸边浅水处。性机警，飞行时颈缩成“S”形，两翅鼓动缓慢。
居 留 型：夏候鸟
保护级别：国家三有保护野生动物、IUCN物种濒危等级——无危（LC）

39 白鹭 *Egretta garzetta* Linnaeus

别　　名：小白鹭、鹭鸶、白鹭鸶、白鹤、白鸟

英 文 名：Little egret

特　　征：中型涉禽，体长530～680 mm。雌雄羽色相似。成鸟通体白色。虹膜黄色。嘴黑色，嘴裂及下嘴基部淡角黄色。胫与跗跖黑绿色，趾角黄绿色，爪黑色。成鸟（夏羽）眼先裸出部粉红色。前颈下部具矛状长饰羽，向下至前胸。枕部具2条狭长的矛状羽。肩和背部具离散形蓑羽，向后伸展至尾端。羽干基部强硬，至羽端羽枝纤细分散。成鸟（冬羽）下嘴基部为黄白色；眼先裸露部黄绿色；头部的冠羽，肩、背和前颈的蓑羽或矛状饰羽均消失；前胸矛状饰羽有少许残留。

生活习性：主要以直翅目、鞘翅目、鳞翅目等昆虫和虾类、蛙类、小鱼类等小型动物为食，也会取食少量谷物等。常结小群活动于低海拔的河岸、沙滩、沼泽、泥滩及沙洲等浅水处。性较大胆，行走时步履轻盈，飞翔时两翅缓慢鼓动。

居 留 型：夏候鸟

保护级别：国家三有保护野生动物、IUCN物种濒危等级——无危（LC）

40 夜鹭 *Nycticorax nycticorax* Linnaeus

别　　名： 苍鳽、灰洼子、水洼子、星鳽、夜鹰、夜鹤、夜游鹤

英 文 名： Black-crowned night heron

特　　征： 中型涉禽，体长830～970 mm。雌鸟较雄鸟小。成鸟体形较粗胖，头顶、额、枕、冠羽、后颈、肩和背绿黑色，具金属光泽。头枕部具2～3条长带状白色饰羽。额基和眉纹白色。虹膜血红色，眼先裸露部黄绿色。嘴黑色，尖细，微向下曲。颊、颈侧、胸和两胁淡灰色。颏、喉白色。腰、两翅和尾羽灰色。腹部白色。圆尾，尾羽12枚。胫裸露部、跗跖和趾黄色，爪黑色。幼鸟虹膜红色，眼先绿色。嘴先端黑色，基部黄绿色。上体暗褐色，散布淡棕色羽干纹和白色或棕白色星状端斑。下体白色，满布暗褐色细纵纹。尾下覆羽棕白色。脚黄色。

生活习性： 主要以鱼、蛙、虾、水生昆虫等动物为食。夜出性，喜结群，常成小群在晨昏和夜间活动于平原、低山地区的溪流、水塘、江河与沼泽附近的大树或森林；白天结群藏匿于沼泽、灌丛或林间僻静处。鸣声粗厉而单调。

居 留 型： 夏候鸟/留鸟

保护级别： 国家三有保护野生动物、IUCN物种濒危等级——无危（LC）

鹰形目Accipitriformes

鹰科Accipitridae

41 黑翅鸢 *Elanus caeruleus* Desfontaines

别　　名： 灰鹞子、黑肩鸢

英 文 名： Black-winged kite

特　　征： 小型猛禽，体长310～340 mm，翼展800～950 mm。雌雄相似。成鸟头顶和背部灰色，前额白色。虹膜血红色，眼先和眼上有黑斑。嘴黑色，嘴角和蜡膜淡黄色。颊和颈白色，后颈、肩和腰蓝灰色。下体和翅下覆羽白色，初级飞羽下表面黑色；次级飞羽灰色，具淡色尖端。翅上小覆羽和中覆羽黑色，大覆羽后缘、次级和初级覆羽蓝灰色。尾基部和中央尾羽灰色，两侧尾羽灰白色。跗跖和趾深黄色，跗跖前部半被羽半裸露。

生活习性： 主要以昆虫、小鸟、野兔、鼠类和爬行类动物为食。晨昏活动，常单独停息于电线杆上和高大树木顶端进行觅食，也可无声无息地在天空长时间盘旋和滑翔来捕食猎物。是唯一一种可振羽停于空中寻找猎物的白色鹰类。

居 留 型： 夏候鸟

保护级别： 国家二级重点保护野生动物、IUCN物种濒危等级——无危（LC）

拍摄：姚爱静

42 凤头蜂鹰 *Pernis ptilorhynchus* Temminck

别　　名： 东方蜂鹰、八角鹰、蜜鹰、雕头鹰
英 文 名： Oriental honey buzzard
特　　征： 中大型猛禽，体长500～600 mm。雌鸟显著大于雄鸟。成鸟头顶暗褐色至黑褐色，头侧为灰色，具短而硬的较为厚密的鳞片状羽毛。虹膜金黄色或橙红色，眼先羽毛呈鳞状。嘴灰黑色，基部具蜡膜或须状羽。上体黑褐色。枕部具黑色的短冠羽。喉部白色，具黑色的中央斑纹，其余下体棕褐色或栗褐色，具淡红褐色与白色相间排列的横带和粗著的黑色中央纹。初级飞羽暗灰色，尖端为黑色。翼下飞羽白色或灰色，具黑色横带。尾羽灰色或暗褐色，具3～5条暗色宽带斑和灰白色的波状横斑。跗跖和趾黄色，爪黑色。
生活习性： 主要以黄蜂、胡蜂、蜜蜂和其他蜂类为食，也会捕食其他昆虫、蜥蜴、雀类、蛇类、蛙类和鼠类等动物。大多在林中的树上或者地上觅食。常单独活动于疏林和林缘地带，冬季会集成小群活动。飞行灵敏，多为鼓翅飞翔；鸣声短促。
居 留 型： 旅鸟
保护级别： 国家二级重点保护野生动物、IUCN物种濒危等级——无危（LC）

43 苍鹰 *Accipiter gentilis* Linnaeus

别　　名： 破花、黄鹰、兔鹰、鸡鹰、牙鹰、鹞鹰、元鹰
英 文 名： Northern goshawk, Goshawk
特　　征： 中型猛禽，体长460 ~ 600 mm，翼展约1 300 mm。雄鸟头顶、前额、枕和头侧黑褐色。枕部具白色羽尖。眉纹白色，具黑色羽干纹。虹膜红色，蜡膜黄绿色。嘴黑色，基部稍带蓝色。喉部具黑褐色细纹及暗褐色斑。上体到尾灰褐色。胸、腹、两胁和腿覆羽密布灰褐色和白色相间的横纹，羽干黑褐色。尾灰褐色，方形，具3 ~ 5条宽阔的黑色横斑。肛周和尾下覆羽白色，有少许褐色横斑。耳羽黑色。双翅宽阔，翅下白色，满布黑褐色横带。飞羽具暗褐色横斑，内翈基部具白色块斑。脚和趾黄色，跗跖前后缘均为盾状鳞，爪黑色。雌鸟羽色与雄鸟相似，但较暗，体形也明显大。亚成鸟上体为褐色，具不明显暗色斑点。
生活习性： 主要以鸽类为食，但也会捕食鼠类、兔类等小型哺乳动物，雉类及其他中小型鸟类。白天活动，常单独活动于不同海拔高度的针叶林、混交林和阔叶林等森林地带及平原、丘陵的疏林地带。性机警，视觉敏锐，善于隐藏和飞翔，鸣声尖锐洪亮。
居 留 型： 旅鸟/冬候鸟
保护级别： 国家二级重点保护野生动物、IUCN物种濒危等级——无危（LC）

44 日本松雀鹰 *Accipiter gularis* Temminck & Schlegel

别　　名： 摆胸、松子

英 文 名： Japanese sparrow hawk

特　　征： 较小型猛禽，体长250 ~ 330 mm。雄鸟头顶至后颈石板黑色，头顶缀棕褐色。头侧、颈侧和其余上体暗灰褐色，颈项和后颈基部羽毛白色。虹膜深红色，眼先白色。嘴为石板蓝色，尖端黑色。颏和喉白色，喉部中央具1条细窄的黑纹。腹部白色，具灰褐色横斑。胸和两胁棕色，具灰栗色横斑。肩和三级飞羽基部具白斑，次级飞羽和初级飞羽外翈具黑色横斑。腋羽白色，具灰色横斑。翅下覆羽白色，具灰色斑点。尾和尾上覆羽灰褐色，尾具4条黑褐色横斑；尾下覆羽白色，具少许断裂的暗灰褐色横斑。脚黄绿色，爪黑色。雌鸟比雄鸟体形大。虹膜黄色。上体褐色；下体棕色少，具浓密的褐色横斑。亚成鸟胸部多棕色，具纵纹而非横斑。

生活习性： 主要以山雀、莺类等小型鸟类为食，也会捕食昆虫和蜥蜴。白天活动，常单独活动于山地针叶林、混交林、疏林及林缘地带，停息于林缘高大树木的顶枝。振翼迅速，结群迁徙。

居 留 型： 旅鸟/夏候鸟

保护级别： 国家二级重点保护野生动物、IUCN物种濒危等级——无危（LC）

45 雀鹰 *Accipiter nisus* Linnaeus

别　　名：鹞子、细胸

英 文 名：Sparrow hawk, Euras:an sparrow hawk

特　　征：中小型猛禽，体长310 ~ 410 mm。雄鸟头顶、枕和后颈颜色较暗，前额微缀棕色，后颈羽基白色。头侧和颊棕色，具暗色羽干纹。虹膜橙黄色，眼先灰色，具黑色刚毛。嘴暗铅灰色、尖端黑色，基部黄绿色，蜡膜黄色或黄绿色。上体鼠灰色或暗灰色。下体白色，颏和喉部满布褐色羽干细纹。胸、腹和两胁具红褐色或暗褐色细横斑。初级飞羽暗褐色，内翈白色，具黑褐色横斑；次级飞羽外翈青灰色，内翈白色，具暗褐色横斑。腋羽和翅下覆羽白色或乳白色，具暗褐色或棕褐色细横斑；翅上覆羽暗灰色。尾羽灰褐色，具4 ~ 5条黑褐色横斑；尾下覆羽白色，缀淡灰褐色斑纹。跗跖和趾橙黄色，爪黑色。雌鸟体形较雄鸟大。上体褐色，下体白色。胸、腹部及腿上具灰褐色横斑。喉部中央无斑纹。脸颊棕色较少。

生活习性：主要以小型鸟类、昆虫和鼠类为食，也会捕食鸽、榛鸡、野兔、蛇及昆虫等动物。白天活动，常单独活动于林缘、河谷、采伐迹地的次生林及平原地区小块丛林地带。飞行有力而灵巧，速度极快。

居 留 型：旅鸟/冬候鸟

保护级别：国家二级重点保护野生动物、IUCN物种濒危等级——无危（LC）

46 灰脸鵟鹰 *Butastur indicus* Gmelin

别　　名： 灰脸鹰、灰面鹞、灰面鹭、南路鹰、清明鸟、差羽、刺羽、鸫鸠
英 文 名： Grey-faced buzzard eagle, Grey-faced buzzard
特　　征： 中型猛禽，体长390～460 mm。成鸟头侧近黑色。颊和耳区灰色。虹膜黄色，眼先白色。嘴灰色，嘴基部和蜡膜橙黄色。颏和喉部明显白色，喉部具有宽的黑褐色中央纵纹。上体暗棕褐色。胸部以下白色，具较密的棕褐色横斑。翅上覆羽棕褐色。尾羽灰褐色，具3条宽的黑褐色横斑。跗跖和趾为黄色，爪角黑色。幼鸟颊棕色，具棕褐色羽干纹，眉纹皮黄色。喉白色沾棕色，具黑褐色中央纹。上体褐色，具纤细的黑褐色羽轴纹和棕色或棕白色羽缘。下体乳白色或皮黄色，上胸具粗著的棕褐色纵纹；下胸、腹及两胁具棕褐色横斑。尾羽褐色，具4～5条黑褐色横斑。
生活习性： 主要以蜥蜴、野兔、小鸟、蛙类、鼠类和小型蛇类等动物为食，也会捕食昆虫和动物尸体。常单独活动，迁徙期间成群；繁殖期活动于山林地带，秋冬季节则活动于林缘、山地、草地、荒漠与河谷等较为开阔的地区。性情较为胆大，鸣声响亮，飞行缓慢沉重。
居 留 型： 旅鸟/夏候鸟
保护级别： 国家二级重点保护野生动物、IUCN物种濒危等级——无危（LC）

47 普通鵟 *Buteo japonicus* Temminck & Schlegel

别　　名： 日本鵟、东亚鵟、土豹、鸡母鹞

英 文 名： Eastern buzzard, Common buzzard

特　　征： 中型猛禽，体长420～540 mm，翼展1 200～1 300 mm。成鸟体色变化较大。头部非常短圆，具窄的暗色羽缘。虹膜黄色至褐色。嘴灰色，先端黑色，蜡膜黄色。鼻孔位置与嘴裂平行。颊侧皮黄色，具近红色细纹和显著的栗色髭纹。上体深红褐色。下体暗褐色或淡褐色，具深棕色横斑或纵纹。飞翔时两翼宽阔，初级飞羽基部具明显白斑；翼下肉色。淡色型的翼尖、翼角和飞羽的外缘黑色；暗色型的翼尖、翼角和飞羽的外缘全为黑褐色。尾羽淡灰褐色，近端处具多条暗色横斑；飞翔时呈扇形散开。跗跖和趾黄白色或黄褐色，跗跖大部分裸露无羽，爪黑色。

生活习性： 以蜥蜴、野兔、蛇类、蛙类、啮齿类、小型鸟类及大型昆虫等为食。常单独活动于山地森林、低山丘陵、开阔平原林缘草地及荒漠旷野等地带。性机警，视觉敏锐。善于飞翔，飞翔姿态优美；鸣声响亮。

居 留 型： 旅鸟/冬候鸟

保护级别： 国家二级重点保护野生动物、IUCN物种濒危等级——无危（LC）

48 白尾鹞 *Circus cyaneus* Linnaeus

别　　名： 灰鹞、灰鹰、灰泽鹞、白抓、鸡雕、白尾巴根子
英 文 名： Marsh hawk, Hen harrier
特　　征： 中型猛禽，体长450 ~ 530 mm。雄鸟前额污灰白色。头顶灰褐色，具暗色羽干纹；后头暗褐色，具棕黄色羽缘。耳羽下至颏部具1道由稍卷曲的蓬松羽毛形成的皱翎。虹膜浅褐色。嘴灰黑色，基部蓝灰色，蜡膜黄绿色。后颈蓝灰色，散布褐色或黄褐色羽缘。背、肩和腰蓝灰色，有时微沾褐色。下体颏、喉和上胸蓝灰色，其余下体纯白色。翅上具数条黑褐色横带；翅上覆羽银灰色，外侧初级飞羽黑褐色，其余初级飞羽、次级飞羽和三级飞羽均为银灰色；翅下覆羽和腿覆羽白色。尾上覆羽纯白色；中央尾羽银灰色，具不明显横斑；外侧尾羽褐灰色，杂具暗灰色横斑。跗跖和趾黄色，爪黑色。雌鸟上体暗褐色。下体棕黄色，缀暗棕褐色纵纹。尾上覆羽白色；中央尾羽灰褐色；外侧尾羽棕黄色，具黑褐色横斑。
生活习性： 主要以蜥蜴、鼠类、蛙类、小型鸟类和大型昆虫等动物为食。白天活动觅食，晨昏最为活跃；常活动于平原河谷、低山林缘及林间草地等开阔地带。低空飞行搜寻猎物，飞行极为敏捷迅速；上空滑翔，两翅上举呈“V”形，不时鼓翅。
居 留 型： 旅鸟/冬候鸟
保护级别： 国家二级重点保护野生动物、IUCN物种濒危等级——无危（LC）

49 白腹鹞 *Circus spilonotus* Kaup

别　　名： 泽鹞、东方沼泽鹞

英 文 名： Eastern marsh harrier

特　　征： 中型猛禽，体长500～590 mm。雄鸟头顶、头侧、后颈白色，具宽阔的黑褐色纵纹。虹膜橙黄色，眼先具黑色刚毛。嘴黑褐色，嘴基淡黄色；蜡膜暗黄色。上背白色；肩、下背和腰黑褐色，具污灰白色或淡棕色斑点或羽缘。下体白色，喉和胸具黑褐色纵纹。耳羽黑褐色，羽缘皮黄色。腋羽和翼下覆羽白色，腋羽具淡棕褐色横斑。翅上外侧覆羽和次级覆羽银灰色，羽端近白色；外侧5枚初级飞羽黑褐色，具黑褐色斑；其余初级飞羽、次级飞羽、翅上大覆羽和外侧中覆羽灰色，具黑色亚端斑。尾羽银灰色，外侧尾羽内翈基部和羽端污白色、具淡棕褐色斑；尾上覆羽、尾下覆羽和腿覆羽白色，具淡棕褐色斑。跗跖淡黄绿色，爪黑色。雌鸟头和后颈乳白色或黄褐色，具暗褐色纵纹。虹膜浅褐色。上体褐色，具棕红色羽缘。颏、喉、胸和腹皮黄白色或白色，具宽的褐色羽干纹。翅上覆羽暗褐色，具棕色羽缘；飞羽黑褐色，具淡色横斑，内翈基部具白色或皮黄色斑纹。尾羽银灰色微沾棕色，具黑褐色横斑。

生活习性： 主要以蛙、蜥蜴、小型鸟类、啮齿类、小型蛇类和昆虫类动物为食，也会捕食野兔、鸭类、雉类及鹑类等动物。常单独或成对活动于沼泽、芦苇塘、水库、湖泊沿岸等潮湿开阔地带。性机警而孤僻，低空飞行，两翅向上举呈浅“V”形；通常不鸣叫。

居 留 型： 旅鸟

保护级别： 国家二级重点保护野生动物、IUCN物种濒危等级——无危（LC）

鸮形目Strigiformes

鸱鸮科Strigidae

50 灰林鸮 *Strix aluco* Linnaeus

别　　名： 木鸮、森鸮

英 文 名： Tawny owl, Tawny wood owl

特　　征： 体形中等，体长370 ~ 485 mm。雄鸟头部圆形，无耳羽簇；头顶和后颈黑色，羽缘具大的橙棕色斑。前额黑褐色。面盘橙棕色，羽端沾黑色，具白色羽干纹。虹膜暗褐色；眼先和眉纹白色，具黑褐色羽干纹和端斑。嘴角褐色，先端蜡黄色。颏棕黄色，具纤细的黑色羽干纹。皱翎褐色，两翈末端具棕白色斑纹。上体黑褐色，具橙棕色横斑和斑点，肩和背的横斑和斑点较粗著。颏和上喉棕栗色，具黑褐色斑，下喉纯白色；其余下体橙棕色，具黑褐色横斑和端斑，腹部中央浅棕黄色，两胁散布白色小块斑。肩羽外翈具1条明显的茶黄白色肩斑。腋羽淡黄白色，具暗褐色横纹。翅上覆羽暗褐色，具细小的橙棕色斑点，中覆羽具粗大的橙棕色亚端斑，大覆羽具卵圆形的棕黄色或白色亚端斑；初级覆羽黑褐色，具不明显的浅褐色横斑和斑点；飞羽暗褐色，具浅棕白色横斑和灰褐色端斑。尾羽暗褐色，先端具灰白色斑纹和6道棕色横斑。跗跖和趾被羽，棕黄色，具浅褐色波状横斑；爪灰褐色。雌鸟与雄鸟相似，但雌鸟体羽的黑褐色较多，棕黄色较少，羽色稍暗淡。

生活习性： 主要以啮齿类动物为食，也会取食蛙类、小型兽类、小型鸟类和昆虫等，偶尔会在水中捕食鱼类。夜行性，白天多隐匿于茂密森林中靠近主干且具有浓密枝叶的粗枝上，常单独或成对活动于河岸沟谷的阔叶林、混交林及林缘疏林灌丛等地带。会发出“咕咕”声，飞行时保持寂静。

居 留 型： 偶遇鸟

保护级别： 国家二级重点保护野生动物、IUCN物种濒危等级——无危（LC）

拍摄：杨南

犀鸟目Bucerotiformes

戴胜科Upupidae

51 戴胜 *Upupa epops* Linnaeus

别　　名：呼饽饽、花蒲扇、鸡冠鸟、香香鸡、廉姑、咯咕、臭咯咕、臭姑鸪、担斧、发伞头鸟

英 文 名：Common hoopoe, Eurasian hoopoe

特　　征：小型攀禽，体长240 ~ 310 mm。成鸟头和颈淡棕栗色，冠羽色略深，各羽具黑端。虹膜褐色至红褐色。嘴黑色，基部淡铅紫色。胸部棕栗色沾淡葡萄酒色。腰白色。腹和两胁淡葡萄棕色或白色，具褐色纵纹。上背和翼上小覆羽棕褐色；下背和肩羽黑褐色，散布棕白色的羽端和羽缘；上下背具3条黑色、棕白色和黑褐色带斑及1条不完整的白色带斑。翼外侧黑色，内侧黑褐色。中、大覆羽具棕白色近端横斑，初级飞羽具1列白色横斑，次级飞羽具4列白色横斑，三级飞羽散布棕白色斜纹和羽缘。尾羽黑色，各羽中部向两侧具1条弧形横带。尾上覆羽基部白色，端部黑色，部分羽端缘白色。跗跖铅黑色。幼鸟上体色较苍淡，下体呈褐色。

生活习性：主要以直翅目、膜翅目、鞘翅目和鳞翅目等昆虫的成虫和幼虫为食，也会取食蠕虫等其他小型无脊椎动物。多单独或成对活动，在山地、森林、林缘、路边、草地及果园等开阔区域觅食，取食时常将长长的嘴插入土中。性情较为驯善，飞行时两翅扇动缓慢。

居 留 型：夏候鸟/留鸟

保护级别：国家三有保护野生动物、IUCN物种濒危等级——无危（LC）、北京市重点保护野生动物

佛法僧目Coraciiformes

翠鸟科Alcedinidae

52 普通翠鸟 *Alcedo atthis* Linnaeus

别　　名： 鱼虎、翊、小翠鱼狗、翠雀儿、金鸟仔、钓鱼郎、打鱼郎、水雀、天狗、水狗、鱼狗、钓鱼翁、金鸟仔、小翠鸟、蓝翡翠、秦椒嘴

英 文 名： Common kingfisher

特　　征： 小型攀禽，体长150 ~ 170 mm。雄鸟头顶、前额、枕和后颈暗蓝绿色，密被翠蓝色细窄横斑。虹膜淡褐色，眼先和贯眼纹黑褐色。颊、眼下和耳羽栗棕红色，耳后具1个白色斑。嘴黑色。颏和喉白色。肩蓝绿色。背至尾上覆羽辉翠蓝色。胸灰棕色。腹至尾下覆羽红棕色或棕栗色。尾短小，表面暗蓝绿色，下面黑褐色。翅上覆羽暗蓝色，具翠蓝色斑纹；两翅折合时表面为蓝绿色。跗跖和趾珊瑚红色，爪黑色。雌鸟头顶呈灰蓝色。上体羽色较淡，蓝色多绿色少。胸和腹颜色也较淡。幼鸟羽色较苍淡。上体蓝色光泽较少，下体羽色较淡，沾较多褐色。腹中央污白色。

生活习性： 主要以小型鱼类为食，也会捕食甲壳类、小型蛙类和水生昆虫的成虫及幼虫。常单独或成对活动于林区疏林、灌丛、排洪渠、缓流溪涧和水库等水域或岸边。性孤僻，飞行速度甚快，扎入水中可迅速调节视觉反差，捕鱼本领强。

居 留 型： 夏候鸟/留鸟

保护级别： 国家三有保护野生动物、IUCN物种濒危等级——无危（LC）、北京市重点保护野生动物

（雄）

（雄）

（雌）

啄木鸟目Piciformes

啄木鸟科Picidae

53 星头啄木鸟 *Dendrocopos canicapillus* Blyth

别　　名： 火点镑打木、北啄木鸟、红星啄木、小啄木、红星头镑打木、小镑打木、星斑头啄木鸟、一点红

英 文 名： Grey-headed pygmy woodpecker, Grey-crowned pygmy woodpecker, Grey-capped woodpecker

特　　征： 小型攀禽，体长140～170 mm。雄鸟头顶和前额暗灰色或灰褐色，缀淡棕褐色；头侧和颈侧棕褐色。眉纹宽阔，白色，自眼后上缘延伸至颈侧。虹膜棕红色或红褐色，眼先污灰白色。嘴铅灰色或铅褐色，上嘴较暗。枕、后颈、上背和肩黑色，枕部两侧各具1条狭小的红色纵纹。下背和腰白色，具黑色横斑。颊、喉白色或灰白色；其余下体污白色、淡棕白色或淡棕黄色，满布黑褐色纵纹。下腹中部至尾下覆羽具细弱的纵纹。耳覆羽淡棕褐色，其后具1个黑色斑。翅上覆羽和飞羽黑色，中覆羽和大覆羽具宽阔的白色端斑，飞羽内外侧均具白色斑点。尾上覆羽和中央尾羽黑色，外侧尾羽污白色或棕白色，具黑色横斑。跗跖灰绿色或淡绿褐色。雌鸟与雄鸟相似，但枕侧无红色。

生活习性： 主要以鞘翅目和鳞翅目昆虫为食，偶尔也会取食植物果实和种子；多在树中上部活动和取食。常单独或成对活动于山地和平原森林、杂木林、次生林及城区零星乔木上。飞行迅速，呈波浪式前进；叫声为尖厉颤音。

居 留 型： 留鸟

保护级别： 国家三有保护野生动物、IUCN物种濒危等级——无危（LC）、北京市重点保护野生动物

54 大斑啄木鸟 *Dendrocopos major* Linnaeus

别　　名： 白花啄木鸟、花锛打木、臭锛打木、赤鴷、斑啄木、叼木冠、啄木冠

英 文 名： Great spotted woodpecker, Greater pied woodpecker

特　　征： 小型攀禽，体长200～250 mm。雄鸟头顶黑色，具蓝色光泽。额棕白色。虹膜褐色，眼先、眉、颊和耳羽白色。上嘴褐色，下嘴基部铅灰色沾黄色，先端蓝黑色。枕部具1个辉红色斑，后枕具1条细窄的黑色横带。后颈及颈两侧白色，形成1个白色领环。颏、喉、前颈至胸及两胁污白色。肩部具1个块状白斑。背辉黑色。腰黑褐色，具白色端斑。腹污白色，略带桃红色，下腹中央至尾下覆羽辉红色。两翅黑色，翼缘白色；飞羽内翈具方形或近方形的白斑；翅内侧中覆羽和大覆羽白色，具1个近圆形的白斑。中央尾羽黑褐色；外侧尾羽白色，具黑色横斑。跗跖和趾淡绿褐色，爪暗褐色。雌鸟与雄鸟相似，但枕部无辉红色斑，耳羽为棕白色。

生活习性： 主要以直翅目、鳞翅目、鞘翅目等昆虫的成虫和幼虫为食，也会取食蜗牛、蜘蛛等小型无脊椎动物及橡实、松子、稠李种子、草籽等植物种子。常单独或成对活动于山地和平原森林、林缘次生林、农田地边疏林及灌丛。飞行略呈波浪式，两翼节奏性一合一鼓；叫声尖锐。

居 留 型： 留鸟

保护级别： 国家三有保护野生动物、IUCN物种濒危等级——无危（LC）、北京市重点保护野生动物

（雄）

（雌）

55 灰头绿啄木鸟 *Picus canus* Gmelin

别　　名： 火老鸦、山鸹、黄啄木、香锛打木、灰头啄木鸟、黑枕绿啄木鸟、绿啄木、山啄木、绿锛打木

英 文 名： Grey-faced woodpecker, Grey-headed woodpecker, Black-naped green woodpecker

特　　征： 中型攀禽，体长260～320 mm。雄鸟头顶朱红色；头顶后部、枕部和后颈灰色或暗灰色，散布黑色羽干纹。额朱红色，额基灰色杂有黑色。眉纹灰白色。虹膜红色，眼先黑色。嘴褐黑色，下嘴基部肉色或橄榄黄色。颏、喉和前颈灰白色，颈侧和耳羽灰色。颧纹宽，黑色。背橄榄绿色。胸、腹和两胁灰绿色。腰绿黄色。翅上覆羽橄榄绿色，初级飞羽黑色，具白色横斑，次级飞羽外翈沾橄榄黄色，白斑不明显。尾上覆羽绿黄色，尾下覆羽灰绿色，羽端草绿色。中央尾羽橄榄褐色，具半圆形灰白色斑，羽轴辉亮黑色；外侧尾羽黑褐色，具暗色横斑。跗跖和趾灰黑色，爪褐色。雌鸟与雄鸟相似，但头顶和额部无朱红色，呈灰黑色。

生活习性： 主要以鳞翅目、鞘翅目和膜翅目等昆虫为食，偶尔也会取食山葡萄、红松子、草籽等植物果实和种子；觅食时常由树干基部螺旋上攀。常单独或成对活动于低山阔叶林和混交林、农田地边疏林、次生林及林缘地带。飞行迅速，呈波浪式前进；很少鸣叫，叫声单调。

居 留 型： 留鸟

保护级别： 国家三有保护野生动物、IUCN物种濒危等级——无危（LC）、北京市重点保护野生动物

（雌）

（雄）

隼形目Falconiformes

隼科Falconidae

56 红脚隼 *Falco amurensis* Radde

别　　名：东方红腿隼、青燕子、红腿鹞子、黑花鹞、青鹰

英 文 名：Amur falcon

特　　征：小型猛禽，体长260～300 mm。雄鸟头顶、前额、后颈至上背灰黑色，下背至尾上覆羽乌灰色，每羽具纤细的黑色羽干纹。虹膜褐色，眼先乌灰色，眼周裸露部橘红色。嘴灰色，基部和蜡膜黄色。颊和颏部乌灰色。喉至腹部烟灰色，胸部具纤细的黑褐色羽干纹。翅上小覆羽灰黑色，翅下覆羽和腋羽纯白色。初级覆羽、大覆羽、中覆羽、飞羽和尾羽银灰色，每羽狭缘灰褐色，具纤细的黑褐色轴纹。肛周、腿覆羽和尾下覆羽棕红色。跗跖和趾橘黄色，爪黄色。雌鸟与雄鸟体色有明显差异。雌鸟上体大多为石板灰色，具黑褐色羽干纹。肩和下背具黑褐色横斑。颏、喉及颈侧乳白色，其余下体淡黄白色或棕白色。胸部具黑褐色纵纹。腹中央具点状或矢状斑，腹两侧和两肋具黑色横斑。

生活习性：主要以直翅目和鞘翅目昆虫为食，也会捕食蜥蜴、石龙子、小鸟、蛙类和鼠类等小型脊椎动物。多白天活动，常单独活动于低山疏林、山脚平原、丘陵沼泽、林缘、山谷和草地等树木稀疏的开阔地带。飞行强劲而迅速，常逆风扇动翅膀；鸣声粗厉。

居 留 型：旅鸟/夏候鸟

保护级别：国家二级重点保护野生动物、IUCN物种濒危等级——无危（LC）

（雄）

57 猎隼 *Falco cherrug* J. E. Gray

别　　名： 猎鹰、海冬青、兔虎、棒子、闯赫尔–那青
英 文 名： Saker falcon
特　　征： 中型猛禽，体长420 ~ 590 mm。成鸟前额和眉纹白色。虹膜暗褐色。嘴铅蓝灰色，尖端黑色，基部黄绿色，蜡膜暗黄色。头顶、颈侧和后颈乳白色微带淡棕色，具黑褐色斑纹；其余上体暗褐色，具黑褐色纵纹和棕黄色的横斑及羽端。下体白色，微缀皮黄色。胸和腹具暗褐色羽干纹。两肋和腿覆羽外侧具宽阔的暗褐色横斑，腿覆羽下半部乳白色，具稀疏的暗褐色纵纹。翼下覆羽和腋羽皮黄色，具暗褐色斑纹。翅上覆羽、初级飞羽和次级飞羽暗褐色，大覆羽、中覆羽和次级飞羽具棕黄色横斑，初级飞羽具黑褐色羽端。尾羽暗褐色，具棕黄色横斑，尾下覆羽乳白色，具暗褐色纵纹。跗跖和趾黄绿色，爪黑色。
生活习性： 以野兔、田鼠、鼹鼠等小型兽类和鸽、鸪、雀、鹭、雁等鸟类为食，有吐食团的习性。常活动于山地森林、平原疏林、山丘河谷、草原及荒漠等开阔地带。飞行迅捷，常在飞行中狩猎；鸣声较沙哑。
居 留 型： 旅鸟/冬候鸟
保护级别： 国家一级重点保护野生动物、IUCN物种濒危等级——濒危（EN）

58 游隼 *Falco peregrinus* Tunstall

别　　名： 花梨鹰、东方游鹰、青燕、鸽虎、鸭虎、那青

英 文 名： Peregrine falcon, Peregrinus falcon

特　　征： 中型猛禽，体长410 ~ 500 mm，翼展900 ~ 1 100 mm。成鸟头顶、后颈、头和颈的两侧及短髭纹黑色沾蓝色，头羽具黑色纵纹。虹膜暗褐色，眼先和蜡膜黄色。嘴铅蓝灰色，基部黄色，嘴峰黑色。颊部黑褐色。肩和背蓝灰色，具黑褐色羽干纹和横斑。腰浅蓝灰色，具黑褐色狭形横斑。喉白色，其余下体白色或皮黄白色。上胸和颈侧具狭窄的黑褐色羽干纹，其余下体具黑褐色横斑。尾暗蓝灰色，具黑褐色横斑和淡色尖端。翅上覆羽淡蓝灰色，具黑褐色羽干纹和横斑；飞羽黑褐色，具污白色端斑和少许棕色斑纹。腋羽、翼下覆羽和腿覆羽白色，密布黑褐色横斑。尾上覆羽浅蓝灰色，具细窄的黑褐色横斑。跗跖和趾橙黄色，跗跖短粗，趾细长；爪黑色。

生活习性： 主要以鸭、鸥、鸽、鸦和雉等中小型鸟类为食，也会捕食野兔、蝙蝠、鼠类、大型昆虫等小型动物。常单独活动于山地、丘陵、荒漠、沼泽、河谷、旷野及草原等各种区域。性情凶猛，飞行迅速若矢，先搏翼，后展翅滑翔；叫声尖锐。

居 留 型： 旅鸟/冬候鸟

保护级别： 国家二级重点保护野生动物、IUCN物种濒危等级——无危（LC）

59 燕隼 *Falco subbuteo* Linnaeus

别　　名： 欧亚隼、儿隼、蚂蚱鹰、虫鹞、土鹘、青条子、青尖

英 文 名： Hobby, Eurasian hobby

特　　征： 小型猛禽，体长300 ~ 360 mm，翼展660 ~ 840 mm。雄鸟头顶、后颈和颈侧蓝灰色。虹膜黑褐色，眼周黄色，眼下具斑纹。嘴蓝灰色、基部蓝黄色，先端两侧具齿突，蜡膜黄色。上体砖红色，背和翅上具三角形黑色斑。下体乳黄色带淡棕色，具黑褐色羽干纹和粗斑。尾较细长。翅狭长而尖；飞羽近黑色，羽端灰白色。尾羽蓝灰色，具宽阔的黑色亚端斑，羽端灰白色。跗跖和趾深黄色，爪黑色。雌鸟头顶和后颈淡棕色，具黑褐色羽干纹。上体深棕色，散布黑褐色横斑。尾羽深棕色，具多条黑褐色横斑。

生活习性： 主要以雀形目小鸟为食，也会捕食蝙蝠和蜻蜓、蟋蟀、蝗虫及天牛等昆虫。常活动于具稀疏树木的开阔平原、旷野、耕地、疏林和林缘地带。飞行快速敏捷，先鼓翅后滑翔，主要在空中捕食；捕食时鸣声短促刺耳。

居 留 型： 旅鸟

保护级别： 国家二级重点保护野生动物、IUCN物种濒危等级——无危（LC）

60 红隼 *Falco tinnunculus* Linnaeus

别　　名： 欧洲红隼、欧亚红隼、茶隼、红鹰、黄鹰、红鹞子

英 文 名： Kestrel, Common kestrel

特　　征： 小型猛禽，体长300 ~ 360 mm。雄鸟头部、后颈和颈侧灰色，具纤细的黑色羽干纹。前额、眼先和眉纹棕白色。虹膜褐色，眼睑黄色。嘴灰色，基部黄色，先端黑色，蜡膜黄色。颏、喉乳白色或棕白色。肩、背和翅上覆羽赤褐色，具近似三角形的黑色斑点。腰和尾上覆羽蓝灰色，具纤细的暗灰褐色羽干纹。胸、腹和两胁棕黄色或乳黄色，胸和上腹散布黑褐色细纵纹，下腹和两胁具黑褐色矢状或滴状斑。尾蓝灰色，具宽阔的黑色次端斑和狭窄的白色端斑。翅上初级覆羽和飞羽黑褐色，具淡灰褐色端缘，初级飞羽具白色横斑，散布褐色斑纹，三级飞羽砖红色；翅下覆羽和腋羽皮黄白色或淡黄褐色，具褐色斑点，飞羽下面白色，密被黑色横斑。腿覆羽和尾下覆羽浅棕色或棕白色，尾羽下面银灰色。跗跖和趾深黄色，爪黑色。雌鸟头顶至颈部具粗著的黑褐色羽干纹。颊部和眼下、口角髭纹黑褐色。上体棕红色，背至尾上覆羽具粗著的黑褐色横斑。下体乳黄色微带棕色，胸、腹和两胁具黑褐色纵纹。尾棕红色，具黑色横斑。翅上初级覆羽和飞羽具细窄的棕红色端斑；翅下覆羽和腋羽淡棕黄色、密被黑褐色斑点；飞羽和尾羽下面灰白色，密被黑褐色横斑。腿覆羽和尾下覆羽乳白色。

生活习性： 主要以蜥蜴、蛙、鼠类、蛇类、雀形目小鸟等小型脊椎动物为食，也会捕食大型昆虫；主要在白天捕食。常单独活动于山地森林、林中空地、低山疏林、旷野草地及林缘灌丛等地带，多停息在开阔旷野的树梢或枝顶。飞行力强，喜逆风飞行；鸣声刺耳高亢。

居 留 型： 夏候鸟/留鸟

保护级别： 国家二级重点保护野生动物、IUCN物种濒危等级——无危（LC）

（雌）

（雄）　　拍摄：姚爱静

雀形目Passeriformes

黄鹂科Oriolidae

61 黑枕黄鹂 *Oriolus chinensis* Linnaeus

别　　名：黄鹂、黄莺、黄鸾、黄伯劳、青鸟、仓庚、鸧鹒、仓鹒、黄丝散拉、金衣公子

英 文 名：Black-naped oriole

特　　征：中型雀类，体长220～260 mm。雄鸟通体辉黄色。虹膜朱红色。嘴粉红色，嘴基侧面经眼至枕后部具一大片黑色斑纹，枕后部的黑斑纹宽阔。下背稍沾绿色，呈绿黄色。腰和尾上覆羽柠檬黄色。翅黑色，翅上大覆羽外翈和羽端黄色，内翈大都黑色；小翼羽黑色；初级覆羽黑色，羽端黄色；其余翅上覆羽外翈金黄色，内翈黑色。初级飞羽和次级飞羽黑色，三级飞羽外翈几乎为黄色。尾黑色，两侧尾羽具宽阔的黄色端斑。跗跖短而弱，铅灰色，前缘具盾状鳞，爪呈弯钩状。雌鸟与雄鸟羽色大体相似，但色彩较暗淡；背面较绿，呈黄绿色。

生活习性：主要以鞘翅目、鳞翅目及直翅目等昆虫为食，也会取食植物果实和种子。常单独或成对活动于低山丘陵、山脚平原的天然次生阔叶林或混交林树冠层。飞行呈波浪式；鸣声清脆婉转，可变换腔调和模仿其他鸟的鸣声。

居 留 型：夏候鸟

保护级别：国家三有保护野生动物、IUCN物种濒危等级——无危（LC）、北京市重点保护野生动物

山椒鸟科Campephagidae

62 长尾山椒鸟 *Pericrocotus ethologus* Bangs et Phillips

别　　名：宾红燕、红十字鸟

英 文 名：Long-tailed minivet, Flame-colored minivet

特　　征：体形稍大，体长170 ~ 200 mm。雄鸟头、颈、背和肩羽黑色，具金属光泽。头侧和喉污黑色，头侧具金属光泽。虹膜暗褐色。嘴黑褐色。腰和尾上覆羽赤红色。胸部以下为猩红色。翼缘和翼下覆羽淡橙红色。翅黑色，大覆羽具宽的赤红色端斑。中央2对尾羽黑色，其余尾羽红色，基部黑色。跗跖和趾黑色。雌鸟前额黄色，头顶、枕和颈暗褐灰色。眼后微黑色，眼上白色或黄白色。颊和耳羽浅灰色。颏灰白色或黄白色。喉白色带浅黄色。胸部以下黄色。背部灰橄榄绿色或灰橄榄黄色。腰和尾上覆羽橄榄绿黄色。翅褐黑色，具黄色宽斑。中央2对尾羽黑色，其余尾羽先端黄色，基部具黑色斜斑。

生活习性：主要以鳞翅目、鞘翅目、半翅目、直翅目和膜翅目等昆虫为食。常成群活动于山地森林、林缘次生林及疏林草坡等地带的树冠上空。很少在地上或低矮灌丛中觅食，鸣声尖锐单调。

居 留 型：偶遇鸟

保护级别：国家三有保护野生动物、IUCN物种濒危等级——无危（LC）、北京市重点保护野生动物

卷尾科Dicruridae

63 黑卷尾 *Dicrurus macrocercus* Vieillot

别　　名：黑黎鸡、篱鸡、铁炼甲、黑乌秋、黑鱼尾燕、铁燕子、龙尾燕、吃杯茶、笠鸠、黑龙眼燕、剪刀雁、土秋、大胆鸟
英 文 名：Black drongo
特　　征：中型雀类，体长230～300 mm。雄鸟通体辉黑色。前额和眼先羽绒黑色，虹膜棕红色。嘴黑色。上体背部至腰部及尾上覆羽深黑色，带铜绿色金属光泽。下体颏、喉至尾下覆羽黑褐色，胸部铜绿色金属光泽较显著。翅黑褐色；翅上覆羽和飞羽外翈具铜绿色金属光泽；翅下覆羽和腋羽黑褐色。尾羽深黑色，表面带铜绿色金属光泽；中央尾羽最短，长度向两侧递增，外侧尾羽最长，末端向外上方弯曲；尾羽末端呈深叉状。跗跖、趾和爪黑色。雌鸟与雄鸟相似，但羽毛表面铜绿色金属光泽较淡。
生活习性：主要以膜翅目、鞘翅目及鳞翅目昆虫为食。常成对或成群活动于山坡丘陵地带或高山针阔叶混交林林缘的阔叶树顶。性喜结群、鸣闹、咬架，凶猛好斗；鸣声嘈杂起伏。
居 留 型：夏候鸟
保护级别：国家三有保护野生动物、IUCN物种濒危等级——无危（LC）、北京市重点保护野生动物

伯劳科Laniidae

64 红尾伯劳 *Lanius cristatus* Linnaeus

别　　名： 褐伯劳、虎伯劳、花虎伯劳、小伯劳

英 文 名： Brown shrike, Red-tailed shrike

特　　征： 小型雀鸟，体长170～200 mm。雄鸟额和头顶前部淡灰色，头顶至后颈灰褐色。虹膜暗褐色；眼先、眼周至耳区黑色，形成粗著的黑色贯眼纹；眼上方具细窄的白色眉纹。嘴黑褐色。颏、喉和颊白色。上背和肩暗灰褐色，下背和腰棕褐色。胸、腹和两胁棕白色，下腹中央近白色，两胁棕色较浓。腋羽白色沾棕色。两翅黑褐色，内侧覆羽暗灰褐色，外侧覆羽黑褐色；中覆羽、大覆羽和内侧飞羽外翈具棕白色宽缘。尾羽棕褐色，具不明显的暗褐色横斑，尾上覆羽棕红色，尾下覆羽浅棕白色。跗跖、趾和爪黑褐色。雌鸟与雄鸟相似，但羽色较苍淡，贯眼纹呈黑褐色。

生活习性： 主要以直翅目、鞘翅目、半翅目和鳞翅目昆虫为食，偶尔也会取食蜥蜴及少量草籽。单独或成对活动于低山丘陵和山脚平原地带的灌丛、疏林和林缘地带。性活泼、凶猛；鸣声粗犷响亮。

居 留 型： 旅鸟/夏候鸟

保护级别： 国家三有保护野生动物、IUCN物种濒危等级——无危（LC）、北京市重点保护野生动物

（雄）

65 棕背伯劳 *Lanius schach* Linnaeus

别　　名： 海南䳭、大红背伯劳、桂来姆

英 文 名： Long-tailed shrike, Rufous-backed shrike, Black-headed shrike

特　　征： 体形较大，体长220～280 mm。雄鸟前额黑色，头顶至上背青灰色微染棕色；下背、肩、腰和尾上覆羽棕色。虹膜暗褐色；眼先、眼周和耳羽黑色，形成1条宽阔的黑色贯眼纹。嘴黑色。颏、喉和腹中部白色，其余下体淡棕色或棕白色。两胁和尾下覆羽棕红色或浅棕色。翅上覆羽黑色，大覆羽具窄的棕色羽缘；飞羽黑色，内侧飞羽外翈羽缘棕色；初级飞羽基部白色或棕白色，形成明显白色翅斑。尾羽黑色，外侧尾羽外翈具棕色羽缘和端斑。跗跖和趾黑色。雌鸟前额黑带较窄并具黑褐色，头顶至上背灰色染褐色；中央尾羽及贯眼纹沾褐色。

生活习性： 主要以鞘翅目、半翅目、直翅目、蜻蜓目、膜翅目等昆虫为食，也会取食青蛙、蜥蜴、小鸟、鼠类及少量植物种子。常单独活动于低山丘陵和山脚平原的林缘灌丛、河谷沿岸及农田、果园等地带。性凶猛，领域性强；善于模仿其他鸟类叫声，鸣声悠扬、婉转悦耳。

居 留 型： 留鸟

保护级别： 国家三有保护野生动物、IUCN物种濒危等级——无危（LC）

鸦科Corvidae

66 大嘴乌鸦 *Corvus macrorhynchos* Wagler

别　　名： 大嘴鸦、巨嘴鸦、老鸦、老鸹、三荷

英 文 名： Large-billed crow, Thick-billed crow, Jungle crow

特　　征： 大型鸦类，体长440 ~ 540 mm。雌雄同形同色。成鸟全身羽毛纯黑色；除头颈外，其余上体具紫蓝色金属光泽；后颈羽毛柔软松散，羽干不明显。额头特别突出。虹膜褐色或暗褐色。鼻须硬直。嘴黑色，嘴形粗大，嘴基具长羽，嘴峰弯曲。喉部羽毛披针形，具强烈的绿蓝色或暗蓝色金属光泽。胸、两胁及尾下覆羽略有绿色或蓝色光泽。腹部羽色较暗。尾呈长楔状。两翅具蓝紫色光泽，初级覆羽、初级飞羽和尾羽具暗蓝绿色光泽。跗跖、趾和爪黑色，跗跖后缘鳞片常愈合为整块鳞板。

生活习性： 食性杂，主要以直翅目、鞘翅目等昆虫为食，也会取食雏鸟、鸟卵、鼠类、动物尸体及植物的叶、芽、果实和种子等。常成对或小群活动于低山丘陵、山脚平原、林间路旁、山顶灌丛、公园、村舍、河谷、农田、沼泽和草地等各种地带。早晨和下午活跃，觅食频繁，中午多在树上休息。性机警，叫声单调粗犷。

居 留 型： 留鸟

保护级别： IUCN物种濒危等级——无危（LC）

67 松鸦 *Garrulus glandarius* Linnaeus

别　　名： 山和尚、屋鸟、桤鸟、橿鸟

英 文 名： Jay, Eurasian jay

特　　征： 小型鸦类，体长300～360 mm。成鸟头顶、额、枕、头侧、后颈和颈侧红褐色或棕褐色，头顶至后颈具黑色纵纹，前额基部和覆嘴羽尖端黑色。虹膜灰褐色。嘴黑色，下嘴基部具卵圆形黑斑。颏和喉灰白色。背、肩和腰灰色沾棕色，上背和肩棕色较浓。胸、腹和两胁葡萄红色或淡棕褐色。小覆羽栗色；中覆羽基部深褐色，先端栗色，具黑褐色纵纹；大覆羽、初级覆羽和次级飞羽外翈基部具黑白蓝相间的横斑。初级飞羽黑褐色，外翈灰白色；次级飞羽外翈基部白色，形成明显的白色翅斑；三级飞羽内翈暗栗色，端部绒黑色。尾黑色，微具蓝色光泽，尾羽基部和最外侧尾羽颜色较浅淡，呈浅褐色；尾上覆羽白色，尾下覆羽灰白色至白色。跗跖和趾肉色，爪暗褐色。

生活习性： 食性较杂，主要以鞘翅目、鳞翅目等昆虫为食，也会取食蜘蛛、雏鸟、鸟卵及植物的果实和种子。常成对或小群活动于山地森林、林缘疏林和天然次生林，多在一定范围内游荡。鸣声粗犷单调。

居 留 型： 留鸟

保护级别： 国家三有保护野生动物、IUCN物种濒危等级——无危（LC）

68 灰喜鹊 *Cyanopica cyanus* Pallas

别　　名：山喜鹊、蓝鹊、蓝膀香鹊、长尾鹊、鸢喜鹊、长尾巴郎

英 文 名：Azure-winged magpie

特　　征：中型鸦类，体长320～415 mm。雌雄羽色相似。成鸟头、前额、颊和颈黑色，具淡蓝色或淡紫蓝色光泽。虹膜暗褐色或淡褐黑色。嘴黑色。枕和背淡银灰色至淡黄灰色。喉部白色。胸部淡黄白色，胸部以下青灰色。翅淡天蓝色；外侧初级飞羽淡黑色，其余初级飞羽外翈白色，翅闭合时在近末端形成1个长形白斑。尾长，呈楔形，灰蓝色；尾羽淡天蓝色，中央尾羽具宽形白色端斑，其余尾羽末端具白色边缘；尾羽下面淡蓝灰色。跗跖和趾黑色。幼鸟头顶具鱼鳞状斑，体色大多数较暗，且羽缘较淡；翅上覆羽和内侧次级飞羽淡灰褐色至淡褐蓝色，具显著的淡黄色端斑；外侧尾羽狭窄，具白色端斑。

生活习性：食性杂，主要以半翅目、鞘翅目、鳞翅目、膜翅目昆虫为食，也会取食植物的果实和种子。常成对或小群活动于低山丘陵的次生林和人工林、林缘道旁的块状林、田间地头与公园景区的疏林中。飞行迅速，两翅扇动较快，飞行距离短；鸣声洪亮粗厉、单调嘈杂。

居 留 型：留鸟

保护级别：国家三有保护野生动物、IUCN物种濒危等级——无危（LC）

69 喜鹊 *Pica pica* Linnaeus

别　　名：普通喜鹊、欧亚喜鹊、麻野鹊、干鹊、客鹊、鹊鸟、山喳喳、飞驳鸟、报喜鸟、神女
英 文 名：Magpie, Common magpie
特　　征：中型鸦类，体长360 ~ 480 mm。雄鸟头、颈和背辉黑色，后头和后颈稍沾紫色，背部稍沾蓝绿色。虹膜暗褐色。嘴黑色。颏、喉和胸黑色，喉部羽毛具白色轴纹。腰部灰色和白色混杂。上腹和两胁纯白色，下腹和腿覆羽污黑色。肩羽纯白色。腋羽和翅下覆羽淡白色。翅黑色，初级飞羽内翈具大型白斑，外翈及羽端黑色，带蓝绿色光泽；次级飞羽黑色，具深蓝色光泽。尾羽黑色，具深绿色光泽，末端具紫红色和深蓝绿色宽带；尾上覆羽辉黑色。跗跖和趾黑色。雌鸟与雄鸟羽色相似，但光泽较暗淡；下体黑色至乌黑色或乌褐色，白色部分有时沾灰色。
生活习性：食性较杂，主要以鳞翅目、鞘翅目、直翅目、膜翅目等昆虫为食，也会取食雏鸟、鸟卵及植物的果实和种子等。常成对或小群活动于山区、平原、荒野、农田、郊区、城市和公园等环境。性机警，轮流守卫和觅食；飞行能力较强；鸣声单调响亮。
居 留 型：留鸟
保护级别：国家三有保护野生动物、IUCN物种濒危等级——无危（LC）

70 红嘴蓝鹊 *Urocissa erythrorhyncha* Boddaert

别　　名： 长尾山鹊、赤尾山鸦、长尾巴练、长山鹊、山鹧

英 文 名： Red-billed blue magpie

特　　征： 大型鸦类，体长510 ~ 650 mm。雌雄羽色相似。成鸟前额、头部、颈、颏、喉和上胸黑色；头顶至后颈具1个白色至淡蓝白色或紫灰色块状斑。虹膜淡红褐色或红色，眼先红色或橙红色。嘴橙红色，嘴峰稍淡。肩、背和腰紫蓝灰色或灰蓝沾褐色。喉和胸黑色，其余下体白色，有时沾蓝色或黄色。两翅黑褐色，初级飞羽外翈基部紫蓝色，末端白色；次级飞羽具白色端斑，外翈羽缘紫蓝色。尾长，呈凸状，尾上覆羽淡紫蓝色或淡蓝灰色，具黑色端斑和白色次端斑；中央尾羽蓝灰色，具白色端斑；其余尾羽紫蓝色或蓝灰色，具白色端斑和黑色次端斑。跗跖和趾橙红色，爪色较淡。幼鸟头部的块斑较成鸟淡，羽色也不鲜艳；嘴淡蓝色，跗跖浅黄色。

生活习性： 主要以鞘翅目、直翅目、双翅目、鳞翅目昆虫为食，也会取食蜘蛛、蜗牛、蠕虫、蛙、蜥蜴、雏鸟、鸟卵等及乔、灌木的果实和种子。常成对或小群活动于低山丘陵的阔叶林、针阔叶混交林、林缘地边疏林及河流两岸等地带。性活泼而嘈杂，飞翔多呈滑翔姿势，鸣声多变。

居 留 型： 留鸟

保护级别： 国家三有保护野生动物、IUCN物种濒危等级——无危（LC）、北京市重点保护野生动物

山雀科Paridae

71 黄腹山雀 *Pardaliparus venustulus* (Swinhoe)

别　　名： 采花鸟、黄点儿、黄豆崽、点儿

英 文 名： Yellow-bellied tit

特　　征： 小型鸟类，体长80 ~ 105 mm。雄鸟头顶、额、眼先、枕、后颈至上背黑色具蓝色金属光泽，后颈具1个白色微沾黄色的块状斑。颊、耳羽和颈侧白色，在头侧形成大块白斑。虹膜褐色或暗褐色。嘴蓝黑色或灰蓝黑色。下背、腰和肩亮蓝灰色，腰较浅淡。颏、喉和上胸黑色，微具蓝色金属光泽。下胸和腹鲜黄色。两胁黄绿色。腋羽和翅下覆羽白色微沾黄色。翅上覆羽黑褐色，中覆羽和大覆羽具白色微沾黄的端斑。飞羽暗褐色，除外侧初级飞羽外，其余飞羽外翈羽缘灰绿色；三级飞羽先端黄白色。尾羽黑色，最外侧1对外翈近基处白色，其余外侧外翈中部白色；尾上覆羽黑色，尾下覆羽黄色。跗跖和趾铅灰色或灰黑色。雌鸟头顶、额、眼先、枕和背灰绿色，后颈具1个淡黄色斑。腰部灰绿色，但色稍淡。颊、耳羽、颏和喉白色或灰白色，其余下体淡黄色沾绿色。两翅覆羽和飞羽黑褐色，中覆羽、大覆羽和三级飞羽具淡黄白色端斑。

生活习性： 主要以直翅目、半翅目、鳞翅目、鞘翅目等昆虫为食，也会取食植物的果实和种子。常成对或成群活动于低山丘陵、山脚平原地带的次生林、人工林和林缘疏林的高大乔木或灌丛。性活泼，多在树冠和树枝间穿梭跳跃；鸣声单调。

居 留 型： 夏候鸟/留鸟

保护级别： 国家三有保护野生动物、IUCN物种濒危等级——无危（LC）、北京市重点保护野生动物

72 大山雀 *Parus cinereus* Blyth

别　　名： 白脸山雀、呼呼黑

英 文 名： Cinereous tit

特　　征： 体形较大，体长110～150 mm。雄鸟头顶、前额、眼先和枕辉蓝黑色。虹膜褐色或暗褐色。嘴黑褐色或黑色。眼下、颊、耳羽和颈侧白色，呈明显的三角形白斑。后颈两侧具黑纹，并向下延伸。两肩和上背黄绿色，上背与后颈的黑色以狭形白色横带相隔；下背蓝灰色。颏、喉和前胸辉蓝黑色；其余下体白色，中部具1条宽阔的黑色纵带，前端与前胸相连、往后延伸至尾下覆羽。腋羽白色。翅上覆羽黑褐色，大覆羽具宽阔的灰白色羽端；飞羽黑褐色，羽缘蓝灰色；次级飞羽外翈羽缘蓝灰色，羽端微缀灰白色；三级飞羽外翈具较宽的灰白色羽缘。尾上覆羽蓝灰色；中央尾羽蓝灰色，羽干黑色；其余尾羽内翈黑褐色，外翈蓝灰色；最外侧1对尾羽白色，内翈具宽阔的黑褐色羽缘；次外侧1对尾羽末端具白色楔形斑。跗跖和趾紫褐色，爪褐色。雌鸟与雄鸟羽色相似，但体色稍暗淡，缺少光泽，腹部黑色纵纹较细。

生活习性： 主要以鳞翅目、双翅目、鞘翅目、半翅目、直翅目、膜翅目等昆虫为食，也会取食蜘蛛、蜗牛等小型无脊椎动物及植物的花和种子。常成对或小群活动于低山和山脚的阔叶林、针阔叶混交林及林缘道旁、房前屋后、公园及庭院的树上。性较活泼大胆，行动敏捷，飞行略呈波浪状，常在树枝间穿梭跳跃；鸣声为连续的双声节或多音节。

居 留 型： 留鸟

保护级别： 国家三有保护野生动物、IUCN物种濒危等级——无危（LC）

73 远东山雀 *Parus minor* Temminck & Schlegel

别　　名： 日本山雀

英 文 名： Japanese tit

特　　征： 体形较大，体长130～150 mm。雄鸟头部黑色。虹膜褐色或暗褐色。嘴黑褐色或黑色。眼下、颊、耳羽和颈侧白色，呈明显的三角形白斑。上背黄绿色，下背蓝灰色。颏、喉和前胸蓝黑色。下体灰白色或浅黄色，中部具1条宽阔的黑色纵带，前端与前胸相连，往后延伸至尾下覆羽。翅上覆羽黑褐色，大覆羽具宽阔的灰白色羽端；飞羽黑褐色，羽缘蓝灰色。尾上覆羽蓝灰色；中央尾羽蓝灰色，羽干黑色；其余尾羽内翈黑褐色，外翈蓝灰色。跗跖和趾紫褐色，爪褐色。

生活习性： 主要以昆虫为食，也会取食蜘蛛、蜗牛等小型无脊椎动物及植物的花和种子。常成对或小群活动于低山、山脚、城市、农田等各类生境。性活泼，常在地面或树顶跳跃；极善鸣叫，鸣声欢快。

居 留 型： 旅鸟

保护级别： IUCN物种濒危等级——无危（LC）

74 黑喉山雀 *Poecile hypermelaenus* Berezowski & Bianchi

别　　名： 黑胸山雀
英 文 名： Black-bibbed tit, Black-throated bush tit
特　　征： 成鸟头顶、前额、后颈和前背辉黑色。虹膜褐色。嘴黑色，嘴基经耳羽至颈侧白色沾灰色。颏和喉黑色，喉部黑色斑块较大。肩和背沙灰褐色。腰和尾上覆羽淡沙灰褐色微沾黄色。胸、腹至尾下覆羽苍白色，胸部沾黑色。两胁沾灰棕色。腋羽和翅下覆羽苍白色。飞羽灰褐色，羽干黑褐色，外侧羽片具灰褐色狭缘；覆羽灰褐色，初级覆羽外侧具淡橄榄褐色羽缘，其余覆羽具橄榄褐色羽缘，大覆羽的羽缘色较淡。尾羽灰褐色，除中央1对尾羽外，其余尾羽具灰白色羽缘。跗跖和趾铅黑色。
生活习性： 主要以鞘翅目等昆虫为食，也会取食蜘蛛等无脊椎动物和植物的果实、种子及嫩芽。常成对或小群活动于水源附近针叶林和针阔叶混交林的树冠层、林下灌丛或幼树枝上。性活泼，行动敏捷。
居 留 型： 留鸟/夏候鸟
保护级别： IUCN物种濒危等级——无危（LC）

75 沼泽山雀 *Poecile palustris* Horsfield

别　　名： 小呼伯、泥泽山雀、小山雀、呼呼红、红呼、小豆雀

英 文 名： Marsh tit

特　　征： 小型山雀，体长110 ~ 135 mm。雌雄羽色相似。成鸟头顶、前额、后颈和前背辉黑色。虹膜褐色。嘴黑色，嘴基经耳羽至颈侧白色沾灰色。颏和喉黑色，下喉羽片具白色先端。肩和背沙灰褐色。腰和尾上覆羽淡沙灰褐色微沾黄色。胸、腹至尾下覆羽苍白色。两胁沾灰棕色。腋羽和翅下覆羽苍白色。飞羽灰褐色，羽干黑褐色，外侧羽片具灰褐色狭缘；覆羽灰褐色，初级覆羽外侧具淡橄榄褐色羽缘，其余覆羽具橄榄褐色羽缘，大覆羽的羽缘色较淡。尾羽灰褐色，除中央1对尾羽外，其余尾羽具灰白色羽缘。跗跖和趾铅黑色。

生活习性： 主要以鞘翅目、鳞翅目、直翅目、膜翅目等昆虫为食，也会取食蜘蛛等无脊椎动物和植物的果实、种子及嫩芽。常成对或小群活动于水源附近针叶林和针阔叶混交林的树冠层、林下灌丛或幼树枝上。性活泼，行动敏捷。

居 留 型： 留鸟

保护级别： 国家三有保护野生动物、IUCN物种濒危等级——无危（LC）

76 褐头山雀 *Poecile montanus* Conrad von Baldenstein

别　　名： 唧唧鬼子

英 文 名： Willow tit, Songar tit

特　　征： 小型山雀，体长115～140 mm。雌雄羽色相似。成鸟额、头顶至后颈黑色沾褐色。虹膜褐色或暗褐色。嘴黑色。眼先、颊、耳羽和颈侧白色。颏和喉污黑色。背、肩、腰和尾上覆羽灰色或褐灰色。胸、腹、两胁和尾下覆羽淡棕褐色，腹部中央色较淡；其余下体白色。腋羽乳黄色沾棕色。翅下覆羽乳黄白色；飞羽褐色，初级飞羽外翈羽缘深灰色，次级飞羽外翈羽缘灰白色，先端白色；覆羽褐色，外侧羽片具较宽的赭褐色羽缘。尾羽褐色，外缘棕色；除中央尾羽外，其余尾羽外翈具灰白色羽缘。幼鸟与成鸟相似，但羽色较暗淡，无光泽。

生活习性： 主要以鞘翅目、鳞翅目、直翅目、膜翅目等昆虫为食，也会取食蜘蛛等无脊椎动物和少许植物性食物。常成对或成群活动于针叶林、针阔叶混交林、林缘疏林灌丛及山脚平原的次生阔叶林。性较活泼，常在树枝间穿梭跳跃。

居 留 型： 留鸟

保护级别： 国家三有保护野生动物、IUCN物种濒危等级——无危（LC）

百灵科Alaudidae

77 云雀 *Alauda arvensis* Linnaeus

别　　名： 告天鸟、阿鹨、朝天柱、天鹨、百灵、阿兰、大鹨

英 文 名： Eurasian sky lark, Sky lark

特　　征： 体形中等，体长150～190 mm。雌雄相似。成鸟后头羽毛稍有延长，略成羽冠状。眉纹棕白色。虹膜暗褐色，眼先棕白色。嘴角褐色；嘴缘和下嘴基部淡褐色。颊和耳羽淡棕色，散布细长的黑纹。上体大部沙棕色，各羽具宽阔的黑褐色纵纹，上背和尾上覆羽的黑褐色纵纹较细。胸棕白色，密布黑褐色粗纹；其余下体纯白色，两胁微染棕色。两翅覆羽黑褐色，具棕色羽缘和先端；初级飞羽和次级飞羽黑褐色，羽端缀棕白色，外翈边缘沾棕色。中央1对尾羽黑褐色，具宽阔的淡棕色羽缘；最外侧1对尾羽纯白色，内翈基处具楔形暗褐色斑；最外侧次1对尾羽的外翈白色，内翈黑褐色；其余尾羽均黑褐色，微具狭的棕白色羽缘。跗跖和趾肉褐色，后爪较后趾长而稍直。

生活习性： 主要以草籽、植物种子及鳞翅目、鞘翅目昆虫为食，也会取食蜘蛛、千足虫、蚯蚓和蛞蝓等小型无脊椎动物。常集群活动于荒地、平原、草地、泥潭及沼泽边缘等开阔地带。擅长飞行，常骤然自地面疾飞直上；鸣声柔美嘹亮。

居 留 型： 旅鸟/夏候鸟

保护级别： 国家二级重点保护野生动物、IUCN物种濒危等级——无危（LC）

78 角百灵 *Eremophila alpestris* Linnaeus

别　　名： 角灵、黑角、获敬德百灵

英 文 名： Horned lark

特　　征： 小型鸣禽，体长150～190 mm。雄鸟头顶前部具1条宽阔的黑色横带，两端向后各有2～3枚黑色长羽簇，形如角状。前额和眉纹相连，呈白色或淡黄色。虹膜褐色或黑褐色，眼先黑色。嘴黑色，下嘴铅色沾黄色。颏白色沾浅棕色。颊、耳羽和喉侧黑色。后头和上背葡萄红色或灰褐色；背和腰棕褐色，具暗褐色纵纹和沙棕色羽缘。下体白色，前胸具1条黑色横带。两翅褐色，第1枚初级飞羽外翈白色，其余初级飞羽具灰白色狭缘；次级飞羽具白色端斑；小覆羽染葡萄色。尾上覆羽褐色或棕褐色；中央尾羽褐色，具棕色羽缘；外侧尾羽黑褐色，微具白色羽缘；最外侧尾羽几乎纯白色。跗跖黑色或深褐色。雌鸟与雄鸟羽色大体相似，但角羽短或不明显，眼下羽毛呈浅灰色；上体仅小覆羽和中覆羽呈葡萄红色；胸部黑色横带较雄鸟窄小和浅淡。

生活习性： 主要以草籽等为食，也会捕食直翅目、鳞翅目和鞘翅目昆虫。常单独或成对活动于干旱山地、荒漠、草地、岩石、道旁或农田附近。善于在地面短距离奔跑，一般不高飞或远飞；鸣声清脆婉转。

居 留 型： 旅鸟/冬候鸟

保护级别： 国家三有保护野生动物、IUCN物种濒危等级——无危（LC）、北京市重点保护野生动物

苇莺科Acrocephalidae

79 黑眉苇莺 *Acrocephalus bistrigiceps* Swinhoe

别　　名：小苇鸫、口子喇子

英 文 名：Black-browed reed warbler

特　　征：体形较小，体长110 ~ 135 mm。雌雄羽色相似。成鸟上体橄榄棕褐色，羽缘沾棕褐色；腰部和尾上覆羽暗棕褐色。眉纹淡黄褐色，上缘黑褐色，延伸至枕部更显著。虹膜暗褐色，眼先至眼后具1条淡棕褐色条纹。嘴黑褐色，下嘴基部淡褐色。颊和耳羽褐色。下体污白色沾棕色，胸和两胁缀深棕褐色，尾下覆羽淡棕色。翅上覆羽和飞羽黑褐色，覆羽具宽阔的橄榄棕褐色羽缘，飞羽外缘淡棕色，第1枚飞羽稍宽。跗跖和趾暗褐色。

生活习性：主要以鞘翅目、鳞翅目、直翅目等昆虫的成虫及幼虫为食，也会取食蜘蛛等小型无脊椎动物。常单独或成对活动于低山丘陵和山脚平原地带的湖泊、河流、水塘、沼泽等水域岸边灌丛、草丛和芦苇丛。性机警，常在芦苇茎叶和草茎间飞行跳跃；鸣声较嘈杂，重复而富有变化。

居 留 型：旅鸟/夏候鸟

保护级别：国家三有保护野生动物、IUCN物种濒危等级——无危（LC）、北京市重点保护野生动物

80 钝翅苇莺 *Acrocephalus concinens* Swinhoe

别　　名： 钝翅稻田苇莺、富翅苇莺

英 文 名： Blunt-winged warbler, Blunt-winged paddy-field warbler

特　　征： 体形中等，体长130～145 mm。雌雄羽色相似。成鸟前额、头顶和后颈暗橄榄褐色，头侧和颈侧淡橄榄褐色沾皮黄色。眉纹污黄色，较短，具不明显的深褐色贯眼纹。虹膜褐色。上嘴黑褐色，下嘴淡角黄色。颏、喉和腹部中央乳黄色。腰和尾上覆羽棕色。胸侧、两胁和尾下覆羽淡皮黄色。耳羽和体侧淡茶黄色。腋羽皮黄色。两翼短圆；翅上覆羽、飞羽和尾羽暗褐色，外翈具淡棕色狭缘。跗跖和趾淡棕黄色，爪角褐色。

生活习性： 主要以鞘翅目、鳞翅目等昆虫为食。常单独或成对活动于低山丘陵、山脚平原、河湖岸边及农田村舍的阔叶林林缘灌丛、草丛或苇丛。行动敏捷，常在芦苇和草茎上攀援跳跃；鸣声刺耳。

居 留 型： 旅鸟

保护级别： 国家三有保护野生动物、IUCN物种濒危等级——无危（LC）

81 东方大苇莺 *Acrocephalus orientalis* Temminck & Schlegel

别　　名： 呱呱唧、苇串儿、剖苇、麻喳喳

英 文 名： Oriental reed warbler, Oriental great reed warbler

特　　征： 体形略大，体长160 ~ 195 mm。雄鸟（夏羽）额至枕部暗橄榄褐色。虹膜褐色，眼先深褐色。上嘴黑褐色；下嘴肉红色，先端茶褐色。颏和喉棕白色；下喉和前胸羽毛具细的棕褐色羽干纹，向后变为皮黄色。背橄榄褐色。腰及尾上覆羽橄榄棕褐色。两胁皮黄沾棕色。耳羽淡棕色。翅上覆羽和飞羽深褐色，具橄榄褐色羽缘；覆羽具较宽的淡色羽缘。尾圆形，褐色，具污白色羽端缘；外侧尾羽白色，羽端较明显。腿覆羽色较深。雄鸟（秋羽）羽色鲜艳；上体黄色，下体赭色；腹部中央乳白色；尾下覆羽棕白色；两胁和翼下覆羽淡棕色。雄鸟（冬羽）与夏羽相似，但下喉及上胸羽毛的棕褐色羽干细纹明显。雌鸟与雄鸟相似，但羽色较暗淡，体形稍小。

生活习性： 主要以鞘翅目、鳞翅目、膜翅目及水生类昆虫为食，也会取食蜘蛛、蜗牛等小型无脊椎动物和少量植物的果实与种子。常单独或成对活动于河流沿岸、水库、溪边、沼泽等水域或水域附近的芦苇丛、柳灌丛和湿草地。性活泼，常在草茎或灌丛枝间攀援跳跃；鸣声清脆尖厉。

居 留 型： 夏候鸟

保护级别： 国家三有保护野生动物、IUCN物种濒危等级——无危（LC）、北京市重点保护野生动物

82 远东苇莺 *Acrocephalus tangorum* La Touche

英 文 名： Manchurian reed warbler

特　　征： 体形中等，体长120～150 mm。成鸟眉纹上具醒目的黑色条纹。虹膜褐色。上嘴褐色，下嘴粉红色。颊部和耳羽褐色。上体灰褐色，羽缘沾棕褐色。腰部沙灰色。下体白色，胸部和两胁带棕色。翅上飞羽和覆羽黑褐色，飞羽外缘淡棕色。尾上覆羽暗棕褐色，尾下覆羽红色沾棕色。跗跖和趾橙褐色。

生活习性： 主要以鞘翅目、鳞翅目和直翅目等昆虫为食。常活动于低山丘陵和山脚平原的道旁，河流、水塘、沼泽等水域周围的灌丛、草丛和芦苇丛。性机警，善于藏匿。

居 留 型： 旅鸟/夏候鸟

保护级别： 国家三有保护野生动物、IUCN物种濒危等级——无危（LC）

83 厚嘴苇莺 *Arundinax aedon* Pallas

别　　名： 厚嘴芦莺、树鶯、芦莺、大嘴莺、树莺、芦串儿

英 文 名： Thick-billed warbler, Thick-billed reed warbler

特　　征： 体形中等，体长160 ~ 200 mm。雄鸟头顶、肩和背橄榄棕褐色。虹膜暗褐色，眼先和眼周皮黄色。嘴黑褐色，下嘴基部淡黄褐色。颊部和耳羽淡橄榄褐色，耳羽区散布纤细的淡皮黄色羽轴纹。颏、喉和腹部中央白色，微沾棕黄色。腰和尾上覆羽为鲜亮的棕褐色。胸、两胁和尾下覆羽淡棕色。翅上飞羽和覆羽黑褐色，飞羽外侧羽缘淡棕色，覆羽羽缘棕褐色；翅下覆羽和腋羽淡棕黄褐色。尾羽棕褐色，具不明显的暗褐色横斑纹，羽缘淡棕色。跗跖和趾暗铅褐色。雌鸟与雄鸟相似，但羽色较暗淡。

生活习性： 主要以鳞翅目、鞘翅目、直翅目和半翅目等昆虫为食，也会捕食蜘蛛、蛞蝓等小型无脊椎动物。常单独或成对活动于低山丘陵、山脚平原及河谷两岸的小片丛林、疏林灌丛和草丛。行动迅捷，鸣声清脆婉转，有时也模仿其他鸟的叫声。

居 留 型： 夏候鸟

保护级别： 国家三有保护野生动物、IUCN物种濒危等级——无危（LC）

蝗莺科Locustellidae

84 苍眉蝗莺 *Locustella fasciolata* G. R. Gray

别　　名：柳叶儿、苇鸄

英 文 名：Gray's grasshopper warbler

特　　征：体形略大，体长170 ~ 180 mm。雌雄羽色相似。成鸟头和后颈橄榄褐色，具不明显的纤细黑色纵纹。眉纹淡灰色或灰白色，具黑褐色贯眼纹。虹膜褐色，眼先橄榄褐色。上嘴黑褐色；下嘴大部分褐色，基部黄褐色。颊淡灰色，具细小斑点。颏和喉灰白色。上体棕褐色或橄榄褐色，腰和尾上覆羽棕色较浓。下体乳白色；胸暗灰色，略沾橄榄色；两胁和尾下覆羽橄榄褐色，尾下覆羽有时沾皮黄色或赭土色。耳羽橄榄褐色，具淡色羽轴纹。腋羽和翼下覆羽土赭色。两翅暗褐色；翅上覆羽和飞羽具淡棕褐色羽缘，次级飞羽外翈土褐色。尾显著凸起，尾羽棕褐色。跗跖、趾和爪暗黄褐色至棕褐色。幼鸟与成鸟相似，但体色稍暗；上体橄榄褐色；下体黄色或黄白色，胸和两胁橄榄色或淡橄榄褐色。

生活习性：主要以各类昆虫的成虫及幼虫为食。常单独或成对活动于低山丘陵、山脚平原、山地疏林、沼泽湿地及公园、庭院地带的灌丛、草丛和树丛。性机警，很少飞翔；鸣声清脆悦耳。

居 留 型：旅鸟

保护级别：国家三有保护野生动物、IUCN物种濒危等级——无危（LC）

燕科Hirundinidae

85 金腰燕 *Cecropis daurica* Laxmann

别　　名：巧燕、赤腰燕、黄腰燕

英 文 名：Red-rumped swallow

特　　征：体形较大，体长150～200 mm。雌雄羽色相似。成鸟前额、头顶至后枕蓝黑色，具金属光泽。眉纹细长，栗红色。虹膜黑褐色，眼先棕灰白色。嘴黑褐色。后颈黑色，具栗黄色或棕栗色的领环。背部和肩羽蓝黑色，具金属光泽。颊、颏、喉和其余下体淡棕黄色，满布纤细的黑色纵纹。耳羽灰棕黄色，具暗褐色羽干纹。腰羽棕栗色或棕黄色。两翅小覆羽和中覆羽与背同色，其余外侧覆羽和飞羽黑褐色。尾羽黑褐色；尾下覆羽基部淡棕黄色，具宽阔的黑色羽端。跗跖、趾和爪黑色。幼鸟与成鸟相似，但上体缺少光泽，尾较短。

生活习性：主要以双翅目、膜翅目、半翅目和鳞翅目等昆虫为食。常成群活动于低山丘陵、平原村镇及山脚坡地附近的树木、枯枝、高大建筑物及电线上。性极活跃，喜飞行，飞行极为迅速而灵巧；鸣声清脆婉转。

居 留 型：旅鸟/夏候鸟

保护级别：国家三有保护野生动物、IUCN物种濒危等级——无危（LC）、北京市重点保护野生动物

86 家燕 *Hirundo rustica* Linnaeus

别　　名： 燕子、拙燕
英 文 名： Barn swallow, House swallow
特　　征： 体形较小，体长130 ~ 190 mm。雌雄羽色相似。成鸟前额深栗色，头顶、后颈、背至翅上覆羽及尾上覆羽钢蓝黑色，具金属光泽。虹膜暗褐色，眼先、眼周、耳羽和颈侧黑色。嘴黑褐色。颏部黑色。颏、喉和前胸栗色或棕栗色，具1个由颈侧延伸至前胸的黑色环带；后胸、腹部和尾下覆羽白色或淡棕白色。翅形尖，两翼小覆羽、内侧覆羽和内侧飞羽蓝黑色，具金属光泽；初级飞羽、次级飞羽和尾羽黑褐色，微具蓝色光泽。尾呈铗形，最外侧1对尾羽特形延长，且尖端变狭；其余尾羽内翈近端具白斑，尾羽展开时白斑互连呈“V”形。跗跖、趾和爪黑色。幼鸟与成鸟相似，但羽色较暗淡，尾较短。
生活习性： 主要以双翅目、鳞翅目、膜翅目、鞘翅目、蜻蜓目等昆虫为食，边飞行边捕食。常成对或成群活动于村居房顶、电线及附近的河滩和田野。善飞行，飞行迅速敏捷；鸣声尖锐急促。
居 留 型： 旅鸟/夏候鸟
保护级别： 国家三有保护野生动物、IUCN物种濒危等级——无危（LC）、北京市重点保护野生动物

鹎科Pycnonotidae

87 白头鹎 *Pycnonotus sinensis* Gmelin

别　　名： 白头翁、白头公、白头婆

英 文 名： Chinese bulbul, Light-vented bulbul

特　　征： 体形中等，体长160～210 mm。成鸟头顶和额部纯黑色，具金属光泽。虹膜褐色，眼先灰白色或近黑色；两眼上方白色，向后延伸至枕部形成1条宽阔的枕环。颊、耳羽和颧纹黑褐色，耳羽后部污白色或灰白色。嘴黑色。颏和喉白色。上体褐灰色或橄榄灰色，具黄绿色羽缘，形成不明显的暗色纵纹。胸部具宽阔而不明显的淡灰褐色宽带，缀不明显的淡绿黄色纵纹；其余下体近白色或灰白色，羽缘淡绿黄色，形成稀疏而不明显的黄绿色纵纹。飞羽、初级覆羽、大覆羽和尾羽暗褐色，外缘绿黄色；外侧尾羽内翈先端或具浅色窄缘。跗跖黑褐色或黑色。

生活习性： 食性杂，既会捕食鞘翅目、鳞翅目、直翅目、半翅目等昆虫及蜘蛛等小型无脊椎动物，也会取食植物的果实和种子。常成小群活动于低山丘陵、荒坡平原的森林、林缘、灌丛、草地及果园等地带。性活泼，喜跳跃；鸣声婉转多变。

居 留 型： 留鸟

保护级别： 国家三有保护野生动物、IUCN物种濒危等级——无危（LC）

88 领雀嘴鹎 *Spizixos semitorques* Swinhoe

别　　名：豌豆雀、鶸嘴鹎、青冠、黄爪鸟、羊头公、绿孬、青冠雀、绿鹦嘴鹎、蓝头公、中国圆嘴布鲁布鲁

英 文 名：Collared finchbill, Collared finch-billed bulbul, Swinhoe's finch-billed bulbul

特　　征：体形较大，体长170～215 mm。成鸟额和头顶黑色，额基近鼻孔处具白斑；头侧沾灰白色；后头和颈部渐变为深灰色。颊和耳羽黑色，具白色细纹。虹膜灰褐色或红褐色，眼先黑色。嘴粗短，上嘴略向下弯曲，呈灰黄色或肉黄色。颏和喉烟黑色，喉下侧具半环状白领。背、肩、腰、胸和两胁橄榄绿色，腹鲜黄色，下胸和腹部具不明显的纵纹。翅上覆羽褐绿色或暗橄榄黄色，飞羽暗褐色，外翈橄榄黄绿色。尾橄榄黄色，具宽阔的暗褐色至黑褐色端斑；尾上覆羽浅橄榄绿色，尾下覆羽鲜黄色。跗跖淡灰褐色或褐色。幼鸟头部暗褐色或灰黑色。喉浅灰色。背部羽色较成鸟暗淡。上胸白领不显。腹部中央和尾下覆羽浅绿黄色。翼和尾不如成鸟鲜亮。

生活习性：食性较杂，主要以草莓、胡颓子、花楸、野葡萄、樱桃、蔷薇、五加科及禾本科等植物的果实和种子为食；也会捕食鞘翅目等昆虫。常成群活动于低山丘陵、山地森林、林缘疏林、溪谷灌丛、稀树草坡、庭院、果园等地带。鸣声婉转悦耳。

居 留 型：留鸟

保护级别：国家三有保护野生动物、IUCN物种濒危等级——无危（LC）

柳莺科Phylloscopidae

89 棕眉柳莺 *Phylloscopus armandii* Milne-Edwards

别　　名： 柳串儿

英 文 名： Yellow-streaked warbler

特　　征： 体形中等，体长110～135 mm。雌雄羽色相似。成鸟额羽松散沾棕色，颈侧黄褐色。眉毛棕白色，长而显著。贯眼纹暗褐色，由眼先经眼向后延伸至耳覆羽上。虹膜褐色或暗褐色。下嘴较淡，基部黄褐色。颊和耳覆羽棕褐色。上体橄榄褐色，腰沾绿黄色。下体绿白色，具细的黄色纵纹。两胁和尾下覆羽皮黄色，两胁稍沾橄榄褐色。腋羽黄色。两翅黑褐色或暗褐色，翅上无翼斑，外翈羽缘棕褐色或橄榄褐色。尾黑褐色或暗褐色。跗跖灰褐色或铅褐色。

生活习性： 主要以鞘翅目、鳞翅目和直翅目等昆虫的成虫及幼虫为食，也会取食蜘蛛等小型无脊椎动物。常单独或成对活动于中低山地和山脚平原的森林、林缘及灌丛草甸。常在灌木和树枝间跳跃，鸣声独特。

居 留 型： 夏候鸟

保护级别： 国家三有保护野生动物、IUCN物种濒危等级——无危（LC）

90 极北柳莺 *Phylloscopus borealis* J. H. Blasius

别　　名：柳叶儿、柳串儿、绿豆雀、铃铛雀、北寒带柳莺

英 文 名：Arctic warbler

特　　征：体形较小，体长110～125 mm。雌雄羽色相似。成鸟眉纹黄白色。贯眼纹黑褐色，由眼先经鼻孔延伸至枕部。虹膜暗褐色。上嘴深褐色，下嘴黄褐色。颊和耳覆羽淡黄绿色沾橄榄绿色。上体由额至尾灰橄榄绿色，腰部颜色稍淡，尾上覆羽较绿。下体白色沾黄色，尾下覆羽较浓著，两胁沾灰绿色。腋羽和翅下覆羽白色，微沾黄色。大覆羽先端淡黄色，形成1道翅斑；飞羽黑褐色，各羽外翈羽缘橄榄绿色或暗绿色，内翈具极狭窄的灰白色羽缘。尾羽黑褐色，外翈羽缘灰橄榄绿色。跗跖和趾肉色。

生活习性：主要以鳞翅目、双翅目、鞘翅目和膜翅目等昆虫为食，也会取食蜘蛛、草籽和植物嫩芽等。常活动于稀疏的阔叶林、针阔叶混交林及林缘灌丛地带。性活泼，行动敏捷，常在树木枝叶间飞行跳跃；鸣声洪亮单调。

居 留 型：旅鸟

保护级别：国家三有保护野生动物、IUCN物种濒危等级——无危（LC）

91 冠纹柳莺 *Phylloscopus claudiae* La Touche

别　　名： 克氏冠纹柳莺、克氏柳莺

英 文 名： Claudia's leaf warbler

特　　征： 体形较小，体长95～115 mm。雌雄羽色相似。成鸟头顶橄榄绿色稍沾灰黑色，中央冠纹淡黄色。虹膜暗褐色，眉纹淡黄色。贯眼纹暗褐色，自鼻孔经眼向后延伸至枕部。嘴褐色。颊和耳羽淡黄色和暗褐色相杂。上体橄榄绿色。下体白色微沾灰色，胸部散布黄色条纹。两翅黑褐色，各羽外翈边缘橄榄绿色；大覆羽和中覆羽尖端具淡黄绿色翅斑。尾羽黑褐色，最外侧2对尾羽内翈具白色狭缘。尾下覆羽白色沾黄色。跗跖黄色。

生活习性： 主要以鞘翅目、鳞翅目、膜翅目、双翅目、半翅目和革翅目等昆虫的成虫及幼虫为食。常成小群或与其他柳莺混群活动于山地森林、小树丛、林缘灌丛和草丛等地带。性活泼，常分别振动单侧翅膀；鸣声急促。

居 留 型： 夏候鸟

保护级别： 国家三有保护野生动物、IUCN物种濒危等级——无危（LC）、北京市重点保护野生动物

92 冕柳莺 *Phylloscopus coronatus* Temminck et Schlegel

别　　名： 东部冕莺、东部冠叶莺

英 文 名： Eastern crowned warbler

特　　征： 体形中等，体长100 ~ 130 mm。雌雄羽色相似。成鸟上体橄榄绿色，头顶羽色较深暗；头部中央具淡黄色冠纹。眉纹前端黄色，后端淡黄色或黄白色。贯眼纹暗褐色，由鼻孔延伸至枕部。虹膜褐色或暗褐色。上嘴黑褐色，下嘴角黄白色或黄褐色。背部橄榄绿色向后渐淡，腰和尾上覆羽淡黄绿色。下体银白色，稍沾黄色，两胁沾灰色。飞羽暗褐色，外翈羽缘黄绿色；大覆羽先端淡黄色，形成1道翅斑。尾羽暗褐色，最外侧2对尾羽内翈具狭窄的白色羽缘；尾下覆羽辉黄色或淡绿黄色。跗跖和爪墨绿褐色或铅褐色。

生活习性： 主要以鳞翅目、半翅目、鞘翅目、膜翅目和蜉蝣目等昆虫为食。常单独或成对活动于山地、河谷和道旁的林缘疏林、灌丛等地带。性活泼，不停地在枝叶间飞行跳跃；鸣声清脆洪亮。

居 留 型： 夏候鸟

保护级别： 国家三有保护野生动物、IUCN物种濒危等级——无危（LC）、北京市重点保护野生动物

93 褐柳莺 *Phylloscopus fuscatus* Blyth

别　　名： 达达跳、嘎叭嘴、褐色柳莺

英 文 名： Dusky warbler

特　　征： 体形中等，体长105～130 mm。成鸟上体褐色或橄榄褐色。眉纹棕白色，由额基延伸至枕部。贯眼纹暗褐色，由眼先向后延伸至枕侧。虹膜暗褐色或黑褐色。上嘴黑褐色，下嘴橙黄色，尖端暗褐色。颊和耳覆羽褐色带浅棕色。颏和喉白色，微沾皮黄色。胸淡棕褐色。腹白色，微沾皮黄色或灰色。两胁棕褐色。腋羽和翅下覆羽皮黄色。两翅内侧覆羽褐色或橄榄褐色；其余覆羽和飞羽暗褐色，外翈羽缘淡褐色，微缀橄榄色，内翈羽缘浅灰褐色。尾暗褐色，羽缘较淡；尾下覆羽淡棕色，微沾褐色。跗跖和趾淡褐色。

生活习性： 主要以鞘翅目和鳞翅目等昆虫为食。常单独或成对活动于山地疏林、林缘灌丛及田边块林等地带。喜跳跃，鸣声重复连续。

居 留 型： 旅鸟

保护级别： 国家三有保护野生动物、IUCN物种濒危等级——无危（LC）

94 黄眉柳莺 *Phylloscopus inornatus* Blyth

别　　名： 树串儿、槐串儿、树叶儿、白目眶丝
英 文 名： Yellow-browed warbler
特　　征： 体形纤小，体长85～110 mm。雌雄羽色相似。成鸟上体橄榄绿色；头部色泽较深，头顶中央具1条黄绿色纵纹，头的其余部分黄色与绿褐色相混杂。眉纹淡黄绿色。贯眼纹暗褐色，由眼先延伸至枕部。虹膜暗褐色。嘴角黑色，下嘴基部淡黄色。下体白色；胸、两胁和尾下覆羽稍沾绿黄色。翼上覆羽与飞羽黑褐色；飞羽外翈具狭窄的黄绿色羽缘；中覆羽和大覆羽尖端淡黄白色，形成2道翅斑。尾羽黑褐色，具狭窄的橄榄绿色羽缘。跗跖淡棕褐色。
生活习性： 主要以鞘翅目、鳞翅目、半翅目、双翅目及膜翅目等昆虫及蜘蛛为食。常单独或小群活动于山地森林、林缘灌丛及公园、庭院。飞行轻巧灵活，鸣声清脆细软或高亢鸣啭。
居 留 型： 旅鸟
保护级别： 国家三有保护野生动物、IUCN物种濒危等级——无危（LC）

95 双斑绿柳莺 *Phylloscopus plumbeitarsus* Swinhoe

别　　名： 柳串叶

英 文 名： Two-barred greenish warbler

特　　征： 体形稍小，体长100～115 mm。雌雄羽色相似。成鸟上体橄榄绿色，头顶羽色稍暗。虹膜褐色或暗褐色，眉纹黄白色，自嘴基经眼达后头。贯眼纹暗褐色，自鼻孔向后延伸至枕部。上嘴黑褐色，下嘴淡黄褐色。颊褐色。下体白色或污灰白色，稍沾黄色；两胁散布橄榄绿灰色或灰黄色。耳羽黄色和褐色相混杂。腋羽白色沾黄色。翅上覆羽和飞羽黑褐色，各羽外翈羽缘黄绿色或暗绿色，内翈羽缘灰白色；中覆羽和大覆羽先端白色或淡黄白色，形成2道明显的翅斑。尾羽黑褐色。跗跖褐色或暗褐色。

生活习性： 主要以鞘翅目、鳞翅目等昆虫及蜘蛛等小型无脊椎动物为食，也会取食草籽等植物种子。常成小群活动于针叶林、针阔叶混交林、小树丛、林缘次生林或灌丛等地带。性活泼，常在树枝间飞来飞去；鸣声响亮干涩。

居 留 型： 旅鸟

保护级别： 国家三有保护野生动物、IUCN物种濒危等级——无危（LC）

96 黄腰柳莺 *Phylloscopus proregulus* Pallas

别　　名：串树铃儿、绿豆雀、柠檬柳莺、巴氏柳莺

英 文 名：Pallas's leaf warbler

特　　征：体形小，体长80～105 mm。雌雄羽色相似。成鸟上体橄榄绿色，前额沾黄绿色；头顶中央具淡绿黄色冠纹。眉纹黄绿色，由嘴基延伸至头后部。贯眼纹暗褐色，沿眉纹下部延伸至枕部。虹膜暗褐色。嘴黑褐色，下嘴基部暗黄色。颊和耳覆羽暗绿色和绿黄色相混杂。腰部具宽阔的黄色横带。下体苍白色，稍沾黄绿色；两胁、腋羽和翅下覆羽黄绿色较浓。翅外侧覆羽和飞羽黑褐色，各羽外翈具黄绿色羽缘；中覆羽和大覆羽的先端淡黄绿色，形成2道翅斑；最内侧三级飞羽端缘白色。尾羽黑褐色，各羽外翈具黄绿色羽缘，内翈具狭窄的灰白色羽缘；尾下覆羽黄白色。跗跖和趾淡褐色。

生活习性：主要以鞘翅目、膜翅目、双翅目和鳞翅目等昆虫为食，也会取食草籽等。单独或成对活动于针叶林、针阔叶混交林、林缘次生林及道旁疏林灌丛。性活泼，行动敏捷，常在树顶枝叶间跳跃；鸣声清脆洪亮。

居 留 型：旅鸟

保护级别：国家三有保护野生动物、IUCN物种濒危等级——无危（LC）、北京市重点保护野生动物

97 巨嘴柳莺 *Phylloscopus schwarzi* Radde

别　　名： 厚嘴树莺、大眉草串儿、健嘴丛树莺、拉氏树莺

英 文 名： Radde's warbler

特　　征： 体形较小，体长115～135 mm。雌雄羽色相似。成鸟上体橄榄褐色，无翼斑。眉纹棕白色或皮黄色，由鼻孔延伸至枕部。贯眼纹暗褐色或黑褐色，由眼先延伸至耳羽上方。虹膜褐色，眼圈的上下部为棕色。上嘴黑色；下嘴基部黄褐色，先端黑色。颊和耳羽棕色与褐色相混杂。颏、喉近白色。腹黄白色或鲜黄色。胸和两胁为浓淡不等的棕黄色。腋羽、翼下覆羽和尾下覆羽棕黄色。两翅内侧飞羽橄榄褐色；外侧覆羽和飞羽暗褐色，具棕褐色羽缘。尾羽暗褐色，具微棕褐色羽缘；尾上覆羽棕褐色。跗跖黄褐色。

生活习性： 主要以直翅目、鞘翅目、鳞翅目、半翅目和双翅目等昆虫为食，也会取食草籽和植物果实。常单独或成对活动于低海拔阔叶林下灌丛、矮树丛或林缘草地。性胆小机警；鸣声单调，鸣叫不停。

居 留 型： 旅鸟

保护级别： 国家三有保护野生动物、IUCN物种濒危等级——无危（LC）

98 暗绿柳莺 *Phylloscopus trochiloides* Sundevall

别　　名：绿豆雀、穿树铃儿
英 文 名：Greenish warbler
特　　征：体形较小，体长115 ~ 135 mm。雌雄羽色相似。成鸟上体橄榄绿色，头顶褐色较浓。眉纹黄白色，长而明显。贯眼纹暗褐色，由鼻孔经眼向后延伸至枕部。虹膜褐色。上嘴黑褐色，下嘴淡黄色。颊和耳覆羽暗褐色和黄色相混杂。腰部色较淡。下体白色或灰白色沾黄色，两胁和尾下覆羽黄色较多。两翅内侧覆羽橄榄绿色，外侧覆羽暗褐色，各羽外翈羽缘黄绿色；大覆羽和小覆羽先端淡黄色或淡黄白色，形成1道明显翅斑。尾暗褐色。跗跖和趾淡褐色或近黑色。
生活习性：主要以鞘翅目、鳞翅目、半翅目和膜翅目等昆虫为食。常单独或成对活动于山地、河谷、溪流沿岸的森林及林缘疏林灌丛地带。性活泼，行动敏捷；鸣声响而尖。
居 留 型：夏候鸟
保护级别：国家三有保护野生动物、IUCN物种濒危等级——无危（LC）

树莺科Cettiidae

99 远东树莺 *Horornis canturians* Campbell, CW

英 文 名： Manchurian bush warbler

特　　征： 体形中等，体长约170 mm。雌鸟比雄鸟小。成鸟额和头顶红褐色。眉纹显著，白色沾皮黄色。贯眼纹灰褐色。虹膜褐色，眼先黄色。上嘴灰褐色，下嘴色浅淡。颊部淡棕色。枕、背、腰和尾上覆羽棕褐色。颏、喉和腹污白色，腹部略带皮黄色。胸、两胁和尾下覆羽暗皮黄色。翅上覆羽和飞羽黑褐色，翅上覆羽羽缘棕褐色，无翼斑。尾羽棕褐色，羽缘淡棕色。跗跖和趾粉红色，爪色较深。

生活习性： 主要以昆虫的成虫及幼虫为食。常单独或成对活动于山地丘陵和山脚平原的林缘疏林、次生林、灌丛或高草丛。性胆怯，鸣声先低后高。

居 留 型： 旅鸟/夏候鸟

保护级别： 国家三有保护野生动物、IUCN物种濒危等级——无危（LC）

100 短翅树莺 *Horornis diphone* Kittlitz

别　　名： 日本树莺、告春鸟

英 文 名： Japanese bush warbler

特　　征： 体形较小，体长95～170 mm。雌雄羽色相似。成鸟上体棕褐色，前额和头顶特别鲜亮；腰和尾上覆羽色泽较浅。眉纹淡皮黄色，由嘴基沿眼上方延伸至颈侧。贯眼纹深褐色，由眼先经眼向后延伸至枕部。虹膜褐色。上嘴褐色，下嘴淡灰褐色。颊和耳羽淡褐色和黄白色相混杂。下体污白色，胸、两胁和尾下覆羽沾皮黄色。飞羽暗棕褐色，各羽外翈棕褐色。尾羽也呈暗棕褐色，但较淡。跗跖和趾灰棕色。

生活习性： 主要以鳞翅目、直翅目、膜翅目和半翅目等昆虫的成虫及幼虫为食，也会取食蜘蛛等小型无脊椎动物。常单独或成对活动于山地丘陵和山脚平原的稀疏阔叶林、林缘疏林、次生林、田边块林、灌丛或高草丛。性胆怯，善于藏匿；鸣声清脆响亮，惊叫声短而急促。

居 留 型： 旅鸟

保护级别： 国家三有保护野生动物、IUCN物种濒危等级——无危（LC）

长尾山雀科Aegithalidae

101 银喉长尾山雀 *Aegithalos glaucogularis* Gould

别　　名：十姊妹、洋红儿、银颏山雀、团子、呀呀猫
英 文 名：Long-tailed tit
特　　征：体形较小，体长120～160 mm。雌雄羽色相似。成鸟头顶辉黑色，中央具窄细的浅黄灰色纵纹，头侧、额和颈侧淡葡萄红色。虹膜褐色。嘴黑色。颏和喉淡葡萄棕色，喉部中央具银灰色块斑。背至尾上覆羽石板灰色。胸部黄灰色。腹部沾葡萄红色。腋羽和翅下覆羽白色。翅灰褐色至黑褐色，内侧飞羽外缘较淡。尾羽黑色，外侧羽片具灰色羽缘；外侧2对尾羽浅褐色，具楔状白斑；最外侧尾羽的羽片纯白色；尾下覆羽葡萄红色。跗跖和趾棕黑色。幼鸟头顶和上背葡萄褐色，头部纵纹较淡。喉、胸和上腹锈色，下腹黄灰色。
生活习性：主要以半翅目、鞘翅目、鳞翅目等昆虫为食，也会捕食蜘蛛、蜗牛等小型无脊椎动物。常成对或成群活动于针叶林、针阔叶混交林及河谷次生林等地带。行动敏捷，鸣声细弱短促。
居 留 型：留鸟
保护级别：国家三有保护野生动物、IUCN物种濒危等级——无危（LC）、北京市重点保护野生动物

莺鹛科Sylviidae

102 山鹛 *Rhopophilus pekinensis* Swinhoe

别　　名： 北京山鹛、山莺、华北山莺、小背串、长尾巴狼

英 文 名： Chinese hill warbler, White-browed bush dwekker

特　　征： 体形略大，体长160 ~ 195 mm。雌雄羽色相似。成鸟前额和头顶沙褐色，具深褐色纵向条纹；前额纵纹较细密。眉纹棕灰白色或白色。虹膜暗褐色或黄褐色，眼先黑色；贯眼纹黑褐色，颧纹暗黑褐色。嘴角褐色或灰褐色，下嘴肉黄色或粉黄色。颊部黑色。颏部微黑色。颈、背和腰沙褐色，纵条纹较头部稀疏；颈侧具淡棕色纵纹。喉、胸和腹白色，微沾灰白色或皮黄色；腹部和两胁具栗棕色纵纹；下胁和腿覆羽纯淡棕色。耳羽浅沙褐色。两翅褐色，羽缘沙灰色；覆羽淡褐色；小翼羽外翈羽缘浅土黄色；初级飞羽外翈羽缘浅褐灰色。尾羽具不明显的暗褐色横斑；中央尾羽淡褐色，具纤细的黑褐色羽干纹；外侧尾羽深褐色。跗跖和爪灰褐色或肉褐色。

生活习性： 主要以象甲、金龟子等昆虫的成虫及幼虫为食，也会取食草籽及其他植物的果实和种子。常单独活动于低山丘陵、山脚平原及稀疏林缘等地带的矮树丛、灌丛或草丛。性活泼，常在灌木和小树枝间跳跃或在地面奔跑；鸣声响亮多变，圆润悦耳。

居 留 型： 留鸟

保护级别： 国家三有保护野生动物、IUCN物种濒危等级——无危（LC）、北京市重点保护野生动物

103 震旦鸦雀 *Paradoxornis heudei* David

别　　名： 鸦雀、苇雀

英 文 名： Reed parrotbill, Chinese crowtit, Yangtze crowtit

特　　征： 体形中等，体长150～180 mm。雌雄羽色相似。成鸟头顶、前额、枕和后颈蓝灰色或灰色沾赭色；头侧和耳羽灰白色。眉纹黑色，长且宽阔，由眼上方经头侧和耳羽延伸至后颈。虹膜褐色或红褐色，眼先褐色。嘴黄色。颏和喉淡灰白色。上背赭色，散布浅灰色粗纹；两肩、下背和腰黄赭色或浅赭色。胸淡葡萄红色或浅赭色，胸侧淡红褐色；其余下体暗黄色或浅赭色。两翅覆羽赭色，飞羽褐色或黑褐色；初级飞羽外翈羽缘淡白色或棕黄色；次级飞羽褐色至黑褐色，具白色羽缘，内翈棕白色；内侧三级飞羽外翈黑色，内翈白色。尾呈凸状，尾上覆羽和中央1对尾羽淡红赭色或淡黄褐色；其余尾羽黑色，具白色端斑。跗跖肉色，爪黄褐色。

生活习性： 以昆虫和植物的果实与种子为食。常单独、小群或大群活动于河流、湖泊、水库、沼泽及河口沙洲的芦苇丛与草丛。性活泼好动，极少下到地面活动；鸣声特别喧噪响亮。

居 留 型： 候鸟

保护级别： 国家二级重点保护野生动物、IUCN物种濒危等级——近危（NT）

104 棕头鸦雀 *Sinosuthora webbiana* Gould

别　　名： 驴粪球、黄腾鸟、黄豆鸟、天煞星

英 文 名： Vinous-throated parrotbill, Rufous-headed crowtit

特　　征： 体形较小，体长115～135 mm。雌雄羽色相似。成鸟头顶、额、后颈至上背均为红棕色或棕色，头侧稍淡。虹膜暗褐色，眼先棕栗色。嘴黑褐色，侧缘和先端沾黄褐色。颊、耳羽和颈侧棕栗色或暗灰色。颏、喉和胸粉红棕色或淡棕色，具细窄的暗红棕色纵纹。背、肩、腰和尾上覆羽棕褐色或橄榄褐色。腹、两胁和尾下覆羽橄榄褐色或灰褐色，腹部中央淡棕黄色或棕白色。两翅覆羽棕红色或橄榄褐色，飞羽褐色或暗褐色；除小覆羽和第1枚飞羽外，其余各羽外翈沾栗色或栗红色，内翈羽缘淡棕色或淡玫瑰棕色。尾羽暗褐色，基部外翈羽缘橄榄褐色或稍沾橄榄褐色；中央尾羽橄榄褐色，具模糊的暗色横斑。跗跖铅褐色。

生活习性： 主要以鞘翅目和鳞翅目等昆虫为食，也会取食蜘蛛等小型无脊椎动物及植物的果实和种子。常成对或小群活动于中低山或山脚平原的阔叶林、混交林、林缘灌丛、疏林草坡、矮树丛、高草丛及庭院、公园等地带。性活泼大胆，常在灌木或小树枝叶间攀援跳跃；鸣声低沉而急速，较为嘈杂。

居 留 型： 留鸟

保护级别： 国家三有保护野生动物、IUCN物种濒危等级——无危（LC）、北京市重点保护野生动物

绣眼鸟科Zosteropidae

105 暗绿绣眼鸟 *Zosterops japonicus* Temminck & Schlegel

别　　名： 粉燕儿、白眼儿、绣眼儿、杨柳鸟、金眼圈、白目眶、粉眼儿、相思子、青燕

英 文 名： Japanese white-eye

特　　征： 体形小，体长85～115 mm。雌雄羽色相似。成鸟额基至尾上覆羽草绿色或暗黄绿色，前额鲜亮，多沾黄色。虹膜红褐色或橙褐色，眼周具1圈白色绒状短羽，眼先和眼圈下方具1条黑色细纹。嘴黑色，下嘴基部稍淡。颊黄绿色。颏、喉、颈侧和上胸鲜柠檬黄色，下胸和两胁苍灰色。腹部中央近白色。耳羽黄绿色。腋羽和翅下覆羽白色，腋羽微沾淡黄色。翅上内侧覆羽草绿色或暗黄绿色，外侧覆羽和飞羽暗褐色或黑褐色。尾暗褐色，外翈羽缘草绿色或黄绿色，尾下覆羽淡柠檬黄色。跗跖和趾暗铅色或灰黑色。

生活习性： 主要以鳞翅目、鞘翅目、半翅目、膜翅目、直翅目等昆虫为食，也会取食蜘蛛、小螺等小型无脊椎动物及植物的果实和种子。常活动于阔叶林、以阔叶树为主的针阔叶混交林、次生林、山脚平原疏林灌丛及林缘，以及果园的高大树木上。性活泼，多在林内树枝间攀援跳跃；善于藏匿。

居 留 型： 旅鸟/夏候鸟

保护级别： 国家三有保护野生动物、IUCN物种濒危等级——无危（LC）、北京市重点保护野生动物

噪鹛科Leiothrichidae

106 山噪鹛 *Garrulax davidi* Swinhoe

别　　名： 山画眉、大背串、大灰串、黑老婆

英 文 名： Plain laughing thrush, David's laughing thrush

特　　征： 体形中等，体长220～270 mm。雌雄羽色相似。成鸟头顶具暗色羽缘和深褐色轴纹。眉纹和耳羽淡褐色或淡沙褐色。虹膜灰褐色，眼先灰白色。颏黑色。嘴稍弯曲，黄色，嘴峰微沾褐色。上体灰沙褐色，腰和尾上覆羽灰色较浓。喉和胸灰褐色。腹和尾下覆羽淡灰褐色。两翅覆羽灰褐色，飞羽暗灰褐色或黑褐色，外翈羽缘灰色或亮灰白色。尾黑褐色，中央1对尾羽灰沙褐色，端部暗褐色；其余尾羽基部稍沾灰褐色，其他部位黑褐色，具不明显的暗色横斑。跗跖和趾肉色或灰褐色。

生活习性： 主要以昆虫的成虫及幼虫为食，也会取食植物的果实和种子。常成对或小群活动于山地灌丛、矮树林或山脚平原及溪流沿岸的柳树丛。性机警，善于藏匿；鸣声多变，清脆、悦耳而富有音韵。

居 留 型： 留鸟

保护级别： 国家三有保护野生动物、IUCN物种濒危等级——无危（LC）、北京市重点保护野生动物

䴓科Sittidae

107 普通䴓 *Sitta europaea* Linnaeus

别　　名：蓝大胆、穿树皮、松枝儿

英 文 名：Eurasian nuthatch

特　　征：体形中等，体长约为130 mm。雄鸟贯眼纹黑色，由鼻孔处延伸至颈侧和肩部。虹膜深褐色。嘴黑色，下颚基部带粉色。颊、颏、喉和眼下覆羽白色。上体纯蓝灰色。腹淡皮黄色，两胁浓栗色。飞羽暗褐色，初级飞羽基部腹面带白色。中央1对尾羽蓝灰色；其余尾羽黑色，具蓝灰色端缘，中部具白斑；尾下覆羽栗色，具白色楔形端斑。跗跖和趾深灰色。雌鸟与雄鸟相似，但两胁和尾下覆羽的栗色较淡。

生活习性：主要以昆虫及植物的叶片、种子和果实为食。常成对或小群活动于山地老龄混交林和阔叶林，在树干缝隙及树洞中觅食。性机警，行动敏捷，飞行起伏呈波浪式；鸣声响亮尖锐或悦耳有韵律。

居 留 型：候鸟

保护级别：国家三有保护野生动物、IUCN物种濒危等级——无危（LC）、北京市重点保护野生动物

108 黑头䴓 *Sitta villosa* J. Verreaux

别　　名： 桦木炭儿、松树儿、贴树皮

英 文 名： Chinese nuthatch, Black-headed nuthatch

特　　征： 体形小，体长100 ~ 115 mm。雄鸟头顶、枕至后颈亮黑色。额基白色。虹膜褐色，眼先和眼后污黑色；具白色眉纹和细长的黑色过眼纹。嘴角铅黑色，下颚基部颜色较浅。头侧、颊、颏和喉污白色或近白色，其余下体灰棕色或浅棕黄色。背、肩、腰至尾上覆羽灰蓝色。耳羽污黑色，散布白色细纹。飞羽黑褐色，羽缘灰蓝色。中央尾羽浅灰蓝色；尾下覆羽暗棕灰色，端缘较浅淡。跗跖铅褐色。雌鸟较雄鸟小，头顶黑褐色或暗灰褐色，具灰色羽缘。眉纹污白色。上体余部淡紫灰色，下体灰黄色或黄褐色。

生活习性： 主要以鞘翅目、鳞翅目、膜翅目和双翅目等昆虫为食。常成对或以家族群活动于寒温带低山至亚高山的针叶林或针阔叶混交林带。性活泼，行动敏捷，常沿树干攀援跳跃及啄食；鸣声为一连串上升的纯哨音。

居 留 型： 留鸟

保护级别： 国家三有保护野生动物、IUCN物种濒危等级——无危（LC）、北京市重点保护野生动物

鹪鹩科Troglodytidae

109 鹪鹩 *Troglodytes troglodytes* Linnaeus

别　　名：冬鹪鹩、桃虫、巧妇、蒙鸠、山蛔蛔
英 文 名：Eurasian wren, Wren, Common wren
特　　征：体形小，体长85 ~ 110 mm。雌雄羽色相似。成鸟额、头顶、枕部和后颈棕褐色；前颈和胸棕灰色，具黑褐色细横斑。眉纹细，乳黄白色，由鼻孔延伸至眼后。虹膜暗褐色；眼先、耳羽和颊部羽色较淡，具黄褐色点斑和条纹。上嘴黑褐色，下嘴较浅。颏和喉污白色，具浅棕色羽缘。背和肩棕褐色，腰和尾上覆羽颜色较浓。腹和两胁浓棕色，具稀疏的黑褐色和棕白色相间排列的宽横斑。腋羽污白色沾浅棕色。翅上覆羽棕褐色，具黑褐色横斑；小覆羽和中覆羽具明显的白色端斑。飞羽黑褐色；初级飞羽外翈具棕黄白色和黑褐色相间排列的横斑；次级飞羽外翈棕褐色，具宽阔的黑褐色横斑；三级飞羽内外翈棕褐色，具黑褐色横斑。尾较短，棕褐色，具黑褐色细横斑；尾下覆羽红棕色，具黑褐色、棕色横斑和白色端斑。跗跖和趾暗肉褐色。
生活习性：主要以鳞翅目、双翅目、直翅目、鞘翅目、半翅目和膜翅目等昆虫为食，也会取食蜘蛛、水生类等小型动物及植物浆果。常单独或以家族群活动于倒木、朽木较多的背光阴暗密林、灌丛，以及河谷沿岸的林缘、农田及砾石堆等地带。耐寒性强，性极活泼和怯懦，飞行迅捷；鸣声洪亮清脆。
居 留 型：候鸟
保护级别：国家三有保护野生动物、IUCN物种濒危等级——无危（LC）

椋鸟科Sturnidae

110 北椋鸟 *Agropsar sturninus* Pallas

别　　名： 燕八哥、小椋鸟

英 文 名： Daurian starling

特　　征： 体形略小，体长160～185 mm。雄鸟头顶至背暗灰色，头侧灰色。虹膜褐色，眼先及眼周白色。嘴近黑色。喉、胸和两胁棕白色。腹部白色。后枕具紫黑色斑块。背、腰和内侧肩羽及翅上小覆羽金属紫色，外侧肩羽具棕白色端缘。中覆羽棕白色；大覆羽和初级覆羽黑色，具绿色光泽。初级飞羽黑褐色，具黄褐色羽缘；次级飞羽金属绿黑色，外侧基部具黑褐色斑块。尾羽黑色，具绿色光泽，外侧尾羽外翈和尾上覆羽棕白色。跗跖和趾角褐色，爪黑色。雌鸟和雄鸟大体相似，但头顶浅褐灰色；枕部具褐色斑；上体烟灰色，无紫色光泽；下体灰白色。

生活习性： 主要以鳞翅目、鞘翅目、直翅目、膜翅目和双翅目等昆虫为食，也会取食植物的果实与种子。常成对或成群活动于低山丘陵和开阔平原的疏林草甸、河谷阔叶林、林缘灌丛、次生阔叶林及村舍农田的小块林。喜成群活动，善模仿；鸣声变化多样。

居 留 型： 旅鸟

保护级别： 国家三有保护野生动物、IUCN物种濒危等级——无危（LC）

111 灰椋鸟 *Spodiopsar cineraceus* Temminck

别　　名： 杜丽雀、高粱头、假画眉、竹雀、管莲子、哈拉燕

英 文 名： White-cheeked starling, Ashy starling, Gray starling

特　　征： 体形中等，体长180～240 mm。雄鸟头顶、前额、头侧、后颈和颈侧黑色，微具光泽；额和头顶前部杂有白色。虹膜褐色，眼先和眼周灰白色杂有黑色。嘴橙红色，尖端黑色。颊和耳羽白色，稍带黑色。颏白色。背、肩和腰灰褐色。喉和上胸黑褐色，具不明显的灰白色矛状条纹；下胸、两胁和腹淡灰褐色；腹部中部和尾下覆羽白色。腋羽灰黑色，具白色羽端。翼下覆羽白色。翅上覆羽灰褐色，小翼羽、大覆羽、飞羽黑褐色；初级飞羽外翈具狭窄的灰白色羽缘；次级飞羽和三级飞羽外翈白色，羽缘变宽。尾上覆羽白色；中央尾羽灰褐色；外侧尾羽黑褐色，内翈先端白色。跗跖和趾橙黄色。雌鸟和雄鸟大体相似。头顶至后颈黑褐色。前额稍沾白色。颏和喉淡棕灰色。上胸黑褐色，具棕褐色羽干纹。

生活习性： 主要以鳞翅目、鞘翅目、直翅目、膜翅目和双翅目等昆虫为食，也会取食植物的果实与种子。常成对或成群活动于低山丘陵和开阔平原的疏林草甸、河谷阔叶林、林缘灌丛、次生阔叶林及村舍农田的小块林。喜成群活动，鸣声低微而单调。

居 留 型： 冬候鸟/留鸟

保护级别： 国家三有保护野生动物、IUCN物种濒危等级——无危（LC）

112 丝光椋鸟 *Spodiopsar sericeus* Gmelin

别　　名： 牛屎八哥、丝毛椋鸟、野八哥

英 文 名： Silky starling

特　　征： 体形中等，体长200～230 mm。雄鸟前额、头侧和后枕白色，后枕被披散的矛状羽。虹膜黑色。嘴朱红色，尖端黑色。颏和喉白色。后颈、背、腰和尾上覆羽深灰色，后颈基部较浓暗，腰至尾上覆羽较浅淡。胸部和两胁暗灰色，向后渐淡。腹部中央至尾下覆羽白色。两翅和尾羽黑色，具蓝绿色金属光泽；初级飞羽基部具显著的白斑；初级覆羽基部黑色，羽端大部分为白色；翅下覆羽和腋羽白色，羽端缀黑色斑点。跗跖和趾橘黄色，爪暗黄褐色。雌鸟与雄鸟大体相似。头顶棕白色，头顶后部至后颈暗灰色；其余上体灰褐色，往后变淡。额、颏、喉、眉纹和耳羽灰白色。胸淡皮黄灰色。腰和尾上覆羽灰色。

生活习性： 主要以鳞翅目、鞘翅目和直翅目等的一些农林业害虫为食，也会取食植物的果实和种子。常成对或小群活动于低山丘陵和山脚平原地区的次生林、小块丛林、稀树草坡、农田果园及河谷等开阔地带。性较胆怯，喜结群；鸣声清脆响亮。

居 留 型： 候鸟

保护级别： 国家三有保护野生动物、IUCN物种濒危等级——无危（LC）、北京市重点保护野生动物

鸫科Turdidae

113 斑鸫 *Turdus eunomus* Temminck

别　　名： 穿草鸡、窜儿鸡、红麦鴔、斑点鸫、傻画眉

英 文 名： Dusky thrush

特　　征： 体形中等，体长200～245 mm。雄鸟头顶、额、枕和后颈黑褐色，具不显著的灰白色或灰色羽缘。眉纹淡棕红色。虹膜褐色，眼先黑色。嘴黑褐色，下嘴基部黄色。颊棕白色，具黑色斑点。颏和喉棕白色或淡皮黄白色，喉两侧缀有黑褐色斑点。肩和上背黑褐色，具不明显的棕栗色羽缘。胸和两胁黑褐色或黑色，具棕白色或白色羽缘。腹白色。耳羽黑褐色。两翅黑褐色，外翈具棕白色羽缘；中覆羽和大覆羽多呈栗棕色，具白色端斑；飞羽黑褐色，第1枚初级飞羽外翈无棕色；其余飞羽缀有棕栗色，形成明显的棕栗色翼斑。尾羽黑褐色，最外侧2对尾羽无棕栗色；其余尾羽基部羽缘缀有棕栗色；尾下覆羽棕褐色，具白色羽端。跗跖淡褐色。雌鸟与雄鸟相似，但喉部黑斑较多，上体棕色较少。

生活习性： 主要以鳞翅目、双翅目、鞘翅目和直翅目等昆虫的成虫和幼虫为食。常成对或成群活动于平原田地、开阔山坡的草丛或灌丛。性活泼大胆，边跳跃觅食边鸣叫；鸣声轻柔尖细。

居 留 型： 旅鸟/冬候鸟

保护级别： 国家三有保护野生动物、IUCN物种濒危等级——无危（LC）

114 赤颈鸫 *Turdus ruficollis* Pallas

别　　名： 红脖鸫、红喉鸫、红脖子穿草鸫

英 文 名： Red-throated thrush, Red-necked thrush

特　　征： 体形较大，体长210 ~ 265 mm。雄鸟头顶、额、枕和后颈灰褐色。头顶具黑褐色矛形羽干纹。眉纹和颊栗红色。虹膜暗褐色，眼先黑色。嘴黑褐色，下嘴基部黄色。肩、背至尾上覆羽灰褐色。颏、喉和胸栗红色或栗色，颏和喉两侧具少许黑色斑点。胸侧和两胁沾暗灰色。腹至尾下覆羽白色，尾下覆羽微缀棕栗色。耳覆羽和颈侧灰色，耳覆羽具淡色羽缘。腋羽和翅下覆羽棕栗色；翅上大覆羽和飞羽暗褐色，羽缘银灰色。中央尾羽栗红色，具较宽的褐色羽缘；其余尾羽栗红色，具窄的暗褐色羽缘。跗跖和趾黄褐色或暗褐色。雌鸟与雄鸟相似，但眉纹较淡，呈皮黄色。颏和喉白色，具栗黑色斑点。胸灰褐色，具栗色横斑；下喉和上胸相连处的横斑可连成领环状。腹和尾下覆羽灰色。两胁具细的暗褐色纵纹。

生活习性： 主要以鳞翅目和鞘翅目等昆虫的成虫及幼虫为食，也会取食灌木果实、草籽及小鱼、虾、田螺等小型动物。常活动于山地针叶林、阔叶林、次生林、农田块林及林缘疏林灌丛等地带。飞行迅速，但一般不远飞；飞行时鸣声单薄，告警时鸣声为带喉音的“咯咯”声。

居 留 型： 旅鸟/冬候鸟

保护级别： 国家三有保护野生动物、IUCN物种濒危等级——无危（LC）

115 乌鸫 *Turdus mandarinus* Bonaparte

别　　名： 百舌、反舌、中国黑鸫、黑鸫、乌鸪、黑乌

英 文 名： Chinese blackbird

特　　征： 体形较大，体长210～295 mm。成鸟全身黑色、黑褐色或乌褐色，微沾锈色或灰色。虹膜褐色，眼周橙黄色。嘴橙黄色或黄色。颏部具棕色羽缘。喉部微染棕色，具黑褐色纵纹。上体黑褐色沾暗锈色，两翅和尾黑色。下体色稍淡，呈黑褐色。羽毛不易脱落。跗跖和趾黑褐色。雌鸟较雄鸟色淡，嘴具褐色先端；喉和胸具暗色纵纹。

生活习性： 主要以鳞翅目、双翅目、鞘翅目和直翅目等昆虫的成虫及幼虫为食，也会取食草籽和其他植物的浆果与种子及小螺、蚯蚓、蜗牛等小型无脊椎动物。常成小群活动于山地森林、林缘疏林、农田块林、庭院、果园及平原草地等地带。性胆怯，眼尖，对外界反应灵敏；善于模仿其他鸟鸣，鸣声嘹亮动听。

居 留 型： 留鸟

保护级别： 国家三有保护野生动物、IUCN物种濒危等级——无危（LC）、北京市重点保护野生动物

116 宝兴歌鸫 *Turdus mupinensis* Laubmann

别　　名： 花穿草鸡、歌鸫

英 文 名： Chinese thrush

特　　征： 体形中等，体长190～240 mm。雄鸟额、头顶、枕和后颈橄榄褐色。眉纹淡棕白色。虹膜褐色；眼先淡棕白色，具黑色羽端。嘴暗褐色，下嘴基部淡黄褐色。颊和颈侧淡棕白色，稍沾皮黄色，下部具黑斑组成的颚纹。背至尾上覆羽橄榄褐色。颏和喉棕白色，喉部具黑色小斑；其余下体白色，胸部沾黄色。各羽具扇形黑色斑。耳羽淡棕白色或皮黄白色，具黑色端斑；后部耳羽端斑较大，形成1个显著的黑色块斑。翅上覆羽橄榄褐色；中覆羽和大覆羽具污白色或皮黄色端斑，形成2道淡色翅斑。飞羽暗褐色，外翈羽缘淡棕褐色或橄榄褐色。尾羽暗褐色，外翈羽缘缀橄榄褐色或淡棕褐色；尾下覆羽皮黄色，具稀疏的淡褐色斑点。跗跖和趾肉色。雌鸟与雄鸟羽色相似，但较暗淡而少光泽。

生活习性： 主要以鳞翅目、鞘翅目等昆虫的成虫及幼虫为食，嗜吃鳞翅目幼虫。常单独或成对活动于河流附近潮湿茂密的针阔叶混交林或针叶林。

居 留 型： 夏候鸟

保护级别： 国家三有保护野生动物、IUCN物种濒危等级——无危（LC）、北京市重点保护野生动物

117 红尾斑鸫 *Turdus naumanni* Temminck

别　　名： 红尾鸫、红尾穿草鸡、事鸡

英 文 名： Naumann's thrush, Dusky thrush

特　　征： 体形略大，体长230～250 mm。雄鸟头顶、额、枕和后颈橄榄褐色；头顶至后颈和耳羽具黑色羽干纹。眉纹淡棕红色或黄白色。虹膜黑褐色，眼先黑色。上嘴褐色；下嘴皮黄色，尖端褐色。背、肩、腰至尾上覆羽橄榄褐色，腰具少许栗色斑，尾上覆羽具栗色斑或棕红色稍染橄榄褐色。颏、喉和喉侧棕白色或栗色，颏和喉两侧具黑褐色斑点，有的可扩展至整个喉部和上胸；下喉、胸和两胁棕栗色。各羽具白色羽缘。腹白色。腋羽和翼下覆羽棕栗色，具白色羽缘。两翅和飞羽黑褐色，大覆羽和飞羽外翈羽缘棕白色或棕红色。中央1对尾羽黑褐色或暗橄榄褐色；外侧尾羽内翈大部分棕红色，外翈黑褐色；最外侧1对尾羽几乎全为棕红色；尾下覆羽棕红色，羽端白色。跗跖和趾肉棕色，爪棕褐色。雌鸟与雄鸟相似，但喉和上胸黑斑较多。

生活习性： 主要以鳞翅目、直翅目昆虫为食，也会取食植物浆果等。常单独活动于山地森林、林缘灌丛和草丛。

居 留 型： 旅鸟/冬候鸟

保护级别： 国家三有保护野生动物、IUCN物种濒危等级——无危（LC）

鹟科Muscicapidae

118 红喉歌鸲 *Calliope calliope* Baker

别　　名： 西伯利亚歌鸲、红点颏、白点颏、红脖雀、红颏、野鸲
英 文 名： Siberian rubythroat
特　　征： 体形中等，体长125～175 mm。雄鸟额和头顶橄榄褐色沾棕褐色。眉纹和颧纹白色。虹膜褐色或暗褐色，眼先黑色。嘴黑褐色或暗褐色，基部较浅淡。颊黑色。上体大部橄榄褐色。颏和喉赤红色，具黑色的边缘。胸灰色或灰褐色。腹白色，微沾浅棕黄色。两胁和尾下覆羽沙褐色或棕褐色。耳羽橄榄褐色，微具细的淡褐色和沙褐色羽干纹。两翅覆羽和飞羽暗棕褐色，外翈羽缘棕色。尾羽暗褐色，羽缘浅棕色；尾上覆羽橄榄褐色，微沾黄棕色。跗跖和趾粉褐色或黄色。雌鸟与雄鸟羽色大致相似，但眉纹和颧纹淡黄色，不明显；颏和喉白色；胸沙褐色。
生活习性： 主要以直翅目、半翅目及膜翅目等昆虫为食，也会取食少量野果、草籽等。常活动于靠近水域附近的树丛、灌木丛、芦苇丛及草丛。喜在地面奔驰和觅食，善于模仿蟋蟀、油葫芦等昆虫的鸣声，鸣声多韵、婉转而细柔。
居 留 型： 旅鸟
保护级别： 国家二级重点保护野生动物、IUCN物种濒危等级——无危（LC）

119 白顶溪鸲 *Chaimarrornis leucocephalus* Vigors

别　　名： 白顶鶲、白顶溪红尾、看水童子、白顶水

英 文 名： White-capped water redstart

特　　征： 体形较大，体长155～200 mm。雄鸟头顶至枕部白色，前额、头侧至背部辉亮深黑色。虹膜暗褐色，眼先和眼周辉亮深黑色。嘴黑色。颏至胸部辉亮深黑色。腹至尾下覆羽深栗红色。腰、尾上覆羽和尾羽深栗红色，尾羽具宽阔的黑色端斑。飞羽、跗跖、趾和爪黑色。雌鸟与雄鸟同色，但各羽色泽稍暗淡，也少辉亮。

生活习性： 主要以直翅目、鞘翅目、膜翅目、半翅目、鳞翅目等昆虫为食，也会取食少量蜘蛛、软体动物、野果和草籽等。常单独或成对活动于山区河谷、溪流边岩石、河流两岸、水中巨石及山谷干涸河床。性胆大，不畏人，飞行能力不强；在岩石上活动或站立时，尾部竖举散开呈扇形；鸣声尾音拖得较长，音调稍高。

居 留 型： 候鸟

保护级别： 国家三有保护野生动物、IUCN物种濒危等级——无危（LC）

120 蓝喉歌鸲 *Luscinia svecica* Linnaeus

别　　名： 蓝点颏、蓝脖子雀、蓝秸芦犒鸟、蓝颏、点颏、蓝靛杠

英 文 名： Blue throat

特　　征： 体形中等，体长120 ~ 155 mm。雄鸟上体额至尾上覆羽土褐色，羽缘稍淡；头顶微具黑色细纹。眉纹白色，前端略沾棕色。虹膜暗褐色，眼先黑褐色。嘴黑色，基部色淡。颊和耳羽土褐色，前部具白色细纹。颏和喉辉蓝色，下喉中央具1个栗红色块斑。胸部下面具2条黑色和淡栗色宽带。腹部苍白色。两胁和尾下覆羽棕白色，稍沾棕色。腋羽棕黄色。两翅土褐色。中央1对尾羽黑褐色；外侧尾羽的基部栗红色，末端黑褐色。跗跖肉褐色至暗褐色。雌鸟上体与雄鸟相似，但羽色较淡。颏和喉棕白色，喉部无栗红色块斑；黑色的细颊纹与由黑色斑点组成的胸带相连，胸部黑褐色宽阔横带的前缘染蓝色，后面微沾棕色；其余下体与雄鸟略同，但棕色较淡。

生活习性： 主要以鳞翅目、鞘翅目、直翅目等昆虫的成虫及幼虫为食，嗜吃鳞翅目幼虫；也会取食植物种子等。常活动于森林与沼泽边缘的各类灌丛和芦苇丛。性胆怯，常在地面欢快地跳跃和奔走；飞行甚低，飞行距离不远；善于模仿昆虫鸣声，平时鸣声为单音，繁殖期鸣声嘹亮优美。

居 留 型： 旅鸟

保护级别： 国家二级重点保护野生动物、IUCN物种濒危等级——无危（LC）

（雌）
（雄）

121 北红尾鸲 *Phoenicurus auroreus* Pallas

别　　名： 灰顶茶鸲、朗鹟、红尾溜、花红燕儿、火燕

英 文 名： Daurian redstart

特　　征： 体形中等，体长120 ~ 155 mm。雄鸟（夏羽）头顶、额、颈至上背灰白色，前额基部、头侧和颈侧黑色。虹膜暗褐色。嘴、颏、喉、上胸、翼上覆羽和下背黑色，下胸、腰、两胁、腋羽、翅下覆羽和尾羽棕色，腹部中央棕色稍淡。内侧飞羽黑色，外侧飞羽暗褐色；次级飞羽内外翈具较宽阔的白色次端斑，形成明显白翼斑。中央尾羽黑褐色，最外侧1对尾羽具细窄的黑褐色羽缘。跗跖和趾黑色。雄鸟（秋羽）与夏羽的基本色调相似，但上体灰色部分具暗棕色羽缘，黑色部分具棕色羽缘。雌鸟额至背、两翅内侧覆羽橄榄褐色带灰色；飞羽暗褐色，具白色翼斑，较雄鸟短狭。眼周羽色浅淡。颏、喉和胸黄灰褐色，胸部沾棕色。腰部棕色。腹部中央近白色。两胁和尾下覆羽浅棕色。尾上覆羽和尾羽与雄鸟相同，但羽色较浅淡。

生活习性： 主要以鞘翅目、鳞翅目、直翅目、双翅目、膜翅目等昆虫的成虫及幼虫为食，也会取食少量浆果或草籽。常单独或成对活动于山地、森林、林缘、河谷、公园及庭院附近的低矮树丛和灌丛。性胆怯，行动敏捷，飞行不远且低；鸣声单调、尖细而清脆。

居 留 型： 留鸟

保护级别： 国家三有保护野生动物、IUCN物种濒危等级——无危（LC）

122 红尾水鸲 *Rhyacornis fuliginosa* Vigors

别　　名：溪红尾鸲、溪红色鸲、铅色红尾鸲、铅色水鸲、蓝石青儿、石燕

英 文 名：Plumbeous water redstart

特　　征：体形较小，体长110 ~ 140 mm。雄鸟通体暗蓝灰色。虹膜褐色，眼先、额基和嘴黑色。喉、耳羽和上胸色较暗淡，腹部羽色稍淡，肛周淡橙黄色。飞羽黑褐色，外翈羽缘暗灰蓝色；尾羽、尾上覆羽和尾下覆羽栗红色；尾尖端略黑。跗跖黑褐色。雌鸟上体灰褐色沾蓝色，头顶褐色稍浓，额基沾黄色。眼先棕黄色。下体灰色，缀不规则白色和褐色鳞状斑或细斑；颏部褐黄色，延伸至颊和眼先；腹部中央浅淡近白色。翅上覆羽和飞羽暗褐色；飞羽外翈具淡棕色羽缘；内侧次级飞羽和覆羽羽端白色或黄色，形成2个翅上白色点斑。尾羽白色，羽端和羽缘暗褐色；中央尾羽大部分褐色；最外侧1对尾羽几乎全为白色，仅外翈羽缘和羽端呈极窄的暗褐色；尾上覆羽和尾羽基部白色。跗跖较雄鸟淡，呈褐色。

（雄）

生活习性：主要以鞘翅目、膜翅目、鳞翅目、半翅目、双翅目、蜻蜓目、直翅目等昆虫的成虫及幼虫为食，也会取食少量浆果、草籽及蜘蛛等。常单独或成对活动于林间溪涧、林缘溪流、河谷平原，以及河流两岸的岩石、建筑物或堤岸。停立时尾常上下摆动，或散成扇状左右摆动；鸣声单调清脆。

居 留 型：候鸟

保护级别：国家三有保护野生动物、IUCN物种濒危等级——无危（LC）

（雌）

123 红胁蓝尾鸲 *Tarsiger cyanurus* Pallas

别　　名： 红胁歌鸲、橙肋蓝尾鸲、青鸲、蓝点冏子、蓝尾巴根子、蓝尾述、蓝尾欧鸲

英 文 名： Orange-flanked bluetail, Orange-flanked bush robin

特　　征： 体形小，体长120～135 mm。雄鸟头顶至尾上覆羽灰蓝色，头侧辉蓝色。眉纹白色沾棕色，由前额向后延伸至眼上方，前端呈蓝色。虹膜褐色或暗褐色，眼先、嘴和颊黑色。颏、喉和胸棕白色，胸侧灰蓝色。两胁橙红色或橙棕色。腹至尾下覆羽白色。耳羽暗灰褐色或黑褐色，具淡褐色斑纹。翅上小覆羽和中覆羽辉蓝色，其余覆羽暗褐色，羽缘沾灰蓝色；飞羽暗褐色或黑褐色，内侧飞羽外翈沾蓝色，其余飞羽具狭细的暗棕色或淡黄褐色羽缘。尾黑褐色；中央1对尾羽具蓝色羽缘；外侧尾羽外翈羽缘稍沾蓝色，向外侧蓝色渐淡。跗跖和趾淡红褐色或淡紫褐色。雌鸟前额、眼先和眼周淡棕色或棕白色，其余头侧橄榄褐色，耳羽具棕白色羽缘。上体橄榄褐色；腰和尾上覆羽灰蓝色；尾黑褐色，外表沾灰蓝色。下体与雄鸟相似，但胸沾橄榄褐色，胸侧无灰蓝色。飞羽、尾羽与雄鸟相同。

生活习性： 主要以鞘翅目、膜翅目、鳞翅目、双翅目等昆虫的成虫及幼虫为食，也会取食蜘蛛及少量植物的果实和种子。常单独或成对活动于山地森林、林缘疏林及灌丛、草坡等地带。性喜藏匿，多在林下地上奔跑或在灌木低枝间跳跃，停歇时常上下摆尾。

居 留 型： 留鸟

保护级别： 国家三有保护野生动物、IUCN物种濒危等级——无危（LC）、北京市重点保护野生动物

（雌）

（雄）

124 黑喉石䳭 *Saxicola maurus* Pallas

别　　名：石子石栖鸟、石栖鸟、野䳭、谷尾鸟、黑喉鸲

英 文 名：Siberian stone chat

特　　征：体形中等，体长115～145 mm。雄鸟头顶、头侧、前额、背、肩和上腰黑色，各羽具棕色羽缘；下腰和尾上覆羽白色，羽缘微沾棕色。虹膜褐色或暗褐色。嘴、颏和喉黑色。颈侧和上胸两侧白色形成半领状，胸栗棕色。腹和两胁淡棕色，腹中部和尾下覆羽白色或棕白色。腋羽和翅下覆羽黑色，羽端微缀白色；外侧翅上覆羽黑褐色，内侧翅上覆羽白色；飞羽黑褐色，外翈羽缘棕色；内侧次级飞羽和三级飞羽基部白色，与内侧翅上覆羽的白色一起形成大块白色翅斑。尾羽黑色，羽基白色。跗跖和趾黑色。雌鸟上体黑褐色，具宽阔的灰棕色端斑和羽缘。下体颏和喉淡棕色或棕黄白色，羽基黑色；胸棕色；腹至尾下覆羽棕白色。翼下覆羽和腋羽黑灰色，羽缘棕色；飞羽和尾羽黑褐色，羽缘均缀有棕色；内侧翅上覆羽白色，形成白色翅斑；尾上覆羽淡棕色。

生活习性：主要以鳞翅目、鞘翅目、直翅目、双翅目和膜翅目等昆虫为食，也会取食蚯蚓、蜘蛛等小型无脊椎动物及少量植物的果实和种子。常单独或成对活动于低山丘陵、平原沼泽、田间旷野等附近的疏林、灌丛、草甸或草地。喜站立在灌木枝头和小树顶枝，或直上直下地垂直飞翔；鸣声尖细响亮。

居 留 型：旅鸟

保护级别：国家三有保护野生动物、IUCN物种濒危等级——无危（LC）

（雄）

（雌）

125 蓝矶鸫 *Monticola solitarius* Linnaeus

别　　名： 麻石青、亚东蓝石鸫、水嘴

英 文 名： Blue rockthrush

特　　征： 体形小，体长180 ~ 220 mm。雄鸟（夏羽）头部、额、颈侧至尾上覆羽辉蓝色。虹膜暗褐色，眼先近黑色。嘴近黑色。颏、喉至胸辉蓝色。胸部以下纯栗红色。腋羽栗红色。翅上小覆羽蓝色，中覆羽和大覆羽黑褐色；大覆羽和次级飞羽端部具白斑。尾羽黑色，羽缘微带蓝色。跗跖和趾黑褐色。雄鸟（秋羽）头顶至上背的羽端黑褐色，形成黑褐色横斑；下背至尾上覆羽具棕白色羽端。颏部至胸部蓝色，各羽端部棕白色，具黑褐色次端斑。翅内侧覆羽与下背同色，其余覆羽黑褐色，具棕白色羽端。雌鸟（夏羽）额至上背褐灰色，具不明显黑色斑；下背至尾上覆羽灰蓝色，各羽具白端斑和黑褐色次端斑。颊和耳羽暗褐色，散布白色细点。眼先污白色。嘴暗褐色。颏和喉白色或棕白色。两翅和尾与雄鸟相似，但颜色较苍淡；翅上覆羽和飞羽具白色羽端和黑色圈状斑。

生活习性： 主要以鞘翅目、直翅目、鳞翅目、膜翅目、蜻蜓目等昆虫为食，也会取食植物浆果和草籽。常单独或成对活动于山脚平原、低山峡谷及河流附近的山地岩石和林缘灌丛等地带。飞行迅捷；鸣声多变，清脆悦耳，会模仿其他鸟鸣。

居 留 型： 夏候鸟

保护级别： 国家三有保护野生动物、IUCN物种濒危等级——无危（LC）

126 红喉姬鹟 *Ficedula albicilla* Pallas

别　　名： 东方红胸鹟、白点颏、黄点颏、红胸鹟

英 文 名： Taiga flycatcher, Red-throated flycatcher

特　　征： 体形小，体长110 ~ 130 mm。雄鸟（夏羽）头顶、头侧、前额、背、肩至腰灰褐色或灰黄褐色。虹膜暗褐色或褐色，眼先和眼周白色或污白色。嘴黑色。颏和喉橙红色，喉侧和胸淡灰色。腹和尾下覆羽白色或灰白色。两胁灰色，微沾橙红色。耳羽灰黄褐色，具细的棕白色纵纹。翅上覆羽和飞羽暗灰褐色，羽缘较淡。尾上覆羽黑褐色或黑色；尾黑色，除1对中央尾羽外，其余尾羽基部一半白色。雄鸟（秋羽）颏和喉白色。雌鸟颏和喉白色或污白色，胸部沾棕黄褐色；其余与雄鸟相似。

生活习性： 主要以鞘翅目、鳞翅目、双翅目等昆虫的成虫及幼虫为食。常单独或成对活动于山地、平原、森林、林缘疏林灌丛、次生林、杂木林及农田块林等地带。性活泼，常在树枝间飞行跳跃；较少鸣叫，鸣声单调，繁殖期间鸣声婉转。

居 留 型： 旅鸟

保护级别： 国家三有保护野生动物、IUCN物种濒危等级——无危（LC）

（雌）

（雄）

127 白眉姬鹟 *Ficedula zanthopygia* Hay

别　　名： 黄腰姬鹟、鸭蛋黄、三色鹟

英 文 名： Yellow-rumped flycatcher, Tricolor flycatcher

特　　征： 体形小，体长110～135 mm。雄鸟头顶、前额、枕、后颈、颈侧、上背和肩黑色，下背和腰鲜黄色。眉纹白色。虹膜暗褐色。嘴黑色。下体鲜黄色，胸部沾橙色。两翅主要为黑色；内侧中覆羽和大覆羽白色；最内侧第3、4枚三级飞羽外翈白色。尾和尾上覆羽黑色，尾下覆羽白色。跗跖和趾铅黑色。雌鸟头顶、头侧、额、后颈、颈侧至背灰橄榄色，下背渐变为橄榄绿色；腰鲜黄色。眼先和眼周污白色。上嘴褐色，下嘴铅蓝色。颏、喉和胸白色或淡黄绿色，具灰色羽缘，形成不明显的鳞片状；下胸、上腹和两胁橄榄灰黄色；下腹和尾下覆羽浅黄白色。两翅橄榄褐色，羽缘橄榄绿色；翅上外侧覆羽和飞羽暗褐色；内侧中覆羽和大覆羽污白色或白色；内侧第3枚三级飞羽外翈几乎全为白色，形成明显的白色翅斑。尾和尾上覆羽黑色，羽缘沾橄榄绿色。

（雌）

生活习性： 主要以鞘翅目、鳞翅目等昆虫的成虫及幼虫为食。常单独或成对活动于低山丘陵和山脚平原的阔叶林与针阔叶混交林、林缘疏林、次生林、人工林及农田块林等地带。性胆怯而机警，善于藏匿；繁殖期间雄鸟鸣声清脆，婉转悠扬。

居 留 型： 夏候鸟

保护级别： 国家三有保护野生动物、IUCN物种濒危等级——无危（LC）、北京市重点保护野生动物

（雄）

128 北灰鹟 *Muscicapa dauurica* Pallas

别　　名：斑鹟、宽嘴鹟、大眼嘴儿

英 文 名：Asian brown flycatcher, Brown flycatcher

特　　征：体形略小，体长100 ~ 140 mm。雌雄羽色相似。成鸟额基白色或污白色，头顶至后颈、肩、背、腰、尾上覆羽和翅上覆羽灰褐色。虹膜暗褐色和黑褐色，眼先微白色，眼周具一圈白羽。嘴黑色，较宽阔，下嘴基部较淡，多呈黄白色。下体白色或污白色，胸和两胁苍灰色。翅上大覆羽具窄的黄白色端缘；飞羽和尾羽黑褐色；次级飞羽和三级飞羽具棕白色羽缘，三级飞羽的棕白色羽缘较显著。跗跖和趾黑褐色，爪黑色。

生活习性：主要以鞘翅目、鳞翅目、直翅目、膜翅目等昆虫的成虫及幼虫为食，也会取食少量蜘蛛和植物的花。常单独或成对活动于山脚和平原地带的针叶林、针阔叶混交林、林缘疏林灌丛及农田地边小树丛。性机警，善于藏匿；鸣声低沉而微弱，非繁殖期很少鸣叫。

居 留 型：旅鸟

保护级别：国家三有保护野生动物、IUCN物种濒危等级——无危（LC）

129 灰纹鹟 *Muscicapa griseisticta* Swinhoe

别　　名：灰斑鹟、斑胸鹟

英 文 名：Grey-streaked flycatcher, Grey-spotted flycatcher

特　　征：体形略小，体长115 ~ 140 mm。雌雄羽色相似。成鸟前额基部和两侧白色。虹膜暗褐色，眼先和眼周白色或棕白色。嘴黑色，下嘴基部较淡。颊暗灰褐色，颧纹黑色。上体由头至尾乌褐色；头顶各羽中央较暗，形成暗色中央斑纹；背部具不明显的暗色羽轴纹。下体白色；胸、腹和两胁具明显的灰色或黑褐色长形斑点或条纹，胸部纵纹较细。两翅和尾羽暗褐色，翅较长；大覆羽羽端和三级飞羽羽缘淡棕白色或白色，形成明显的淡色翅斑。跗跖和趾黑褐色。

生活习性：主要以鳞翅目和鞘翅目昆虫的成虫及幼虫为食。常单独或成对活动于山地针阔叶混交林、针叶林及次生林的树冠层中下部枝叶间。很少到地面活动和觅食，常在树冠间飞翔。

居 留 型：旅鸟

保护级别：国家三有保护野生动物、IUCN物种濒危等级——无危（LC）

130 乌鹟 *Muscicapa sibirica* Gmelin

别　　名： 斑鹟
英 文 名： Dark-sided flycatcher, Sooty flycatcher
特　　征： 体形较小，体长115 ~ 140 mm。雌雄羽色相似。成鸟上体乌灰褐色，头顶羽毛中部较暗。虹膜暗褐色，眼先和眼周白色或皮黄白色。嘴黑褐色，下嘴基部较淡。颏和喉白色或污白色，常向颈侧延伸，形成半领环。胸和两胁具粗阔的乌灰褐色纵纹。腹和尾下覆羽白色。两翅覆羽和飞羽黑褐色；翅上大覆羽和三级飞羽羽缘淡棕白色；初级飞羽内翈羽缘棕褐色，次级飞羽羽缘白色。尾乌灰褐色或黑褐色。跗跖、趾和爪黑褐色。
生活习性： 主要以鞘翅目、鳞翅目、直翅目、膜翅目等昆虫的成虫及幼虫为食，也会取食少量植物种子。常单独或成对活动于山地森林和林缘疏林灌丛。很少到地上活动和觅食，多在树枝间飞行跳跃。
居 留 型： 旅鸟
保护级别： 国家三有保护野生动物、IUCN物种濒危等级——无危（LC）

岩鹨科Prunellidae

131 棕眉山岩鹨 *Prunella montanella* Pallas

别　　名：西伯利亚岩鹨、山岩鹨

英 文 名：Siberian accentor, Mountain accentor

特　　征：体形略小，体长130～165 mm。雄鸟头、额和枕黑色。眉纹皮黄色或棕黄色，长且宽阔，延伸至头后侧。虹膜黑褐色或栗褐色，眼先黑色。嘴黑褐色，下嘴基部黄褐色。颊黑色。后颈、背和肩栗褐色，具灰白色羽缘和不明显的中央羽轴纹。颏、喉、上胸棕色或黄褐色；胸部羽基黑褐色微呈鳞状斑；胸侧和两胁黄褐色或棕色，具栗褐色纤细纵纹。腰灰褐色或橄榄褐色。腹中部皮黄色或黄白色沾棕色。耳羽黑色。翅上覆羽褐色或黑褐色；中覆羽和大覆羽尖端黄白色或棕色，形成2道明显的翅斑；飞羽褐色或黑褐色，外翈羽缘淡红褐色。尾灰褐色或黑褐色；尾上覆羽灰褐色或橄榄褐色，尾下覆羽棕黄色。跗跖肉色。雌鸟与雄鸟相似，但羽色较淡。

生活习性：主要以昆虫的成虫及幼虫为食，也会取食植物的果实和种子。常活动于低山丘陵和山脚平原的林缘、河谷、灌丛、小块丛林、农田道旁等地带。善藏匿，在地上奔跑迅速；鸣声为尖颤音。

居 留 型：冬候鸟

保护级别：国家三有保护野生动物、IUCN物种濒危等级——无危（LC）

雀科Passeridae

132 山麻雀 *Passer cinnamomeus* Gould

别　　名： 桂色雀、红雀、黄雀、江麻雀

英 文 名： Russet sparrow, Cinnamon sparrow

特　　征： 体形较小，体长120～140 mm。雄鸟额、头顶、后颈至背和腰栗红色。颊、耳羽和头侧白色或淡灰白色。虹膜红栗褐色或褐色，眼先和眼后黑色。嘴黑色，下嘴基部黄色。颏和喉部中央黑色，喉侧、颈侧和下体灰白色微沾黄色。上背散布黑色条纹，背、腰具窄的土黄色羽缘和羽端。腋羽灰白色沾黄色。两翅暗褐色，外翈羽缘棕白色；翅上小覆羽栗红色，中覆羽栗黑色，大覆羽栗黑色，具宽阔的栗红色或栗黄色羽缘；初级飞羽和次级飞羽黑色，具宽阔的栗黄色羽缘，初级飞羽具2道不明显的棕白色翅斑。尾上覆羽黄褐色；尾羽暗褐色或褐色，具土黄色羽缘；中央尾羽边缘稍红。腿覆羽栗色。跗跖和趾黄褐色。雌鸟头侧多沾黄色。眉纹土黄色，延伸至后颈。眼先至耳羽暗褐色。嘴角褐色。下背和腰暗灰色沾棕色。下腹和肛周淡黄白色，其余下体淡灰黄色。两翅和尾较雄鸟稍淡；尾下覆羽淡灰色，具淡黄色羽缘。跗跖和趾暗褐色。

生活习性： 食性杂，以鞘翅目、鳞翅目、膜翅目、半翅目、蜻蜓目等昆虫的成虫及幼虫，以及禾本科、莎草科等野生植物的果实和种子为食。常活动于低山丘陵、山脚平原的林缘疏林、灌丛草坡、村居、公园、农田、果园及道旁树上。性喜结群，飞行力较强，常在树枝和灌丛间来回飞行；鸣声简单柔和。

居 留 型： 旅鸟/夏候鸟

保护级别： 国家三有保护野生动物、IUCN物种濒危等级——无危（LC）

（雌）

（雄）

133 麻雀 *Passer montanus* Linnaeus

别　　名： 树麻雀、欧亚树麻雀、硫雀、家雀、霍雀、瓦雀、南麻雀、老家贼、照夜、只只、嘉宾

英 文 名： Eurasian tree sparrow, Tree sparrow

特　　征： 体形略小，体长125～145 mm。头顶、额、枕和后颈暗栗褐色。颊、耳羽和颈侧白色，耳羽后部具黑色斑块。虹膜暗红褐色，眼先和眼下缘黑色。嘴一般为黑色，下嘴黄色。颏和喉中部黑色。上体沙褐色，上背和两肩密布黑色粗纵纹。胸和腹淡灰色或近白色，稍带褐色。两胁淡黄褐色。尾暗褐色，羽缘较浅淡。腋羽淡黄褐色。翅上小覆羽栗色，中覆羽基部灰黑色，具白色沾黄色的羽端，大覆羽黑褐色；小翼羽、初级覆羽和飞羽黑褐色，各羽具狭细的淡棕褐色羽缘；外侧初级飞羽具2道横斑，内侧次级飞羽棕色。尾下覆羽淡棕色，具宽的轴纹。跗跖和趾污黄褐色。

生活习性： 食性较杂，主要以各种农林作物的嫩叶、果实和种子为食，也会取食鳞翅目、鞘翅目和半翅目等昆虫的成虫及幼虫。常成对或成群活动于低山丘陵、山脚平原的林缘疏林、灌丛草坡、村居、公园、农田、果园及房前屋后等人类聚居的各类地带。性机警，飞行距离较短；鸣声极嘈杂。

居 留 型： 留鸟

保护级别： 国家三有保护野生动物、IUCN物种濒危等级——无危（LC）

鹡鸰科Motacillidae

134 山鹡鸰 *Dendronanthus indicus* Gmelin

别　　名： 林鹡鸰、刮刮油、树鹡鸰、横花牛屎鹧

英 文 名： Forest wagtail

特　　征： 体形中等，体长145 ~ 170 mm。成鸟上体橄榄褐绿色。眉纹淡黄色，由嘴基延伸至耳羽上方。贯眼纹暗褐色。虹膜深褐色，眼先和颊微白色带褐色。上嘴黑褐色，下嘴肉红色。下体白色；胸部具2条黑褐色横斑，2条横斑的中央处有黑色斑相连接；两胁沾淡棕色。耳羽和颈侧橄榄褐绿色。翅上中覆羽和大覆羽黑褐色，先端黄白色，形成2条明显翅斑；初级飞羽和次级飞羽黑褐色，各羽外翈基部具黄白色斑。尾上覆羽污褐色；中央1对尾羽暗褐色沾橄榄绿色；最外侧1对尾羽白色，内翈基部具黑褐色斜斑；最外侧第2、3对尾羽先端具白斑。跗跖和趾浅肉色。

生活习性： 主要以鞘翅目、鳞翅目、直翅目、双翅目、膜翅目等昆虫为食，也会取食蜗牛、蛞蝓等小型无脊椎动物。常单独或成对活动于山地森林、稀疏次生阔叶林及公园、果园等地带的林缘、林间空地或树上。喜欢沿着粗树枝来回行走，停歇时尾羽上下左右摆动，飞行呈波浪式；鸣声似水桶摇动的摩擦声。

居 留 型： 夏候鸟

保护级别： 国家三有保护野生动物、IUCN物种濒危等级——无危（LC）

135 白鹡鸰 *Motacilla alba* Linnaeus

别　　名： 白颤儿、白面鸟、白颊鹡鸰、眼纹鹡鸰、点水雀、张飞鸟

英 文 名： White wagtail

特　　征： 体形中等，体长145 ~ 170 mm。成鸟额、头顶前端、头侧、颈侧和颊白色，头顶后端、枕和后颈黑色。虹膜黑褐色。嘴黑色。肩、背黑色或灰色。颏、喉白色或黑色，胸部具黑色斑；其余下体白色。翅上小覆羽灰色或黑色；中覆羽和大覆羽白色或尖端白色，形成明显的白色翅斑；飞羽黑色。尾长而窄；尾羽黑色，最外侧2对尾羽大部白色。跗跖黑色。

生活习性： 主要以鞘翅目、双翅目、鳞翅目、膜翅目、直翅目等昆虫为食，也会取食蜘蛛等小型无脊椎动物及植物的种子和浆果等。常活动于河流、水库等水域岸边、农田、荒坡、沼泽等地带。常在地上行走或跑动捕食，飞行呈波浪式；鸣声清脆响亮。

居 留 型： 旅鸟/夏候鸟

保护级别： 国家三有保护野生动物、IUCN物种濒危等级——无危（LC）

136 灰鹡鸰 *Motacilla cinerea* Tunstall

别　　名： 黄鸮、马兰花儿、牛屎

英 文 名： Gray wagtail

特　　征： 体形中等，体长170～190 mm。雄鸟头顶、前额、枕和后颈灰色或深灰色。眉纹和颧纹白色。虹膜褐色，眼先和耳羽灰黑色。嘴黑褐色或黑色。肩、背和腰灰色沾暗绿褐色或暗灰褐色。颏和喉夏季为黑色，冬季为白色；其余下体鲜黄色。两翅覆羽和飞羽黑褐色；初级飞羽除前3对外，其余内翈具白色羽缘；次级飞羽基部白色，形成1道明显的白色翅斑；三级飞羽外翈具宽阔的白色或黄白色羽缘。尾上覆羽鲜黄色；中央尾羽黑色或黑褐色，具黄绿色羽缘；最外侧3对尾羽除第1对全为白色外，第2、3对外翈黑色或大部分黑色，内翈白色。跗跖和趾暗绿色或角褐色。雌鸟与雄鸟相似，但雌鸟上体绿灰色；颏和喉白色。

生活习性： 主要以鞘翅目、鳞翅目、直翅目、半翅目、双翅目、膜翅目等昆虫的成虫及幼虫为食，也会取食蜘蛛等小型无脊椎动物。常单独、成对或与白鹡鸰混群活动于河谷、水库、沼泽等水域岸边或水域附近的草地、农田和公园。喜停歇于水边、岩石、电线杆、屋顶等突出地方，尾羽不断地上下摆动，飞行呈波浪式。

居 留 型： 旅鸟/夏候鸟

保护级别： 国家三有保护野生动物、IUCN物种濒危等级——无危（LC）

137 黄头鹡鸰 *Motacilla citreola* Pallas

别　　名： 点水雀
英 文 名： Citrine wagtail, Yellow-headed wagtail
特　　征： 体形纤细，体长145～195 mm。雄鸟头、额和颈辉黄色，后颈下部具狭窄的黑色领环。虹膜暗褐色或黑褐色。嘴黑色。背黑色或灰色。颏、喉、胸和腹鲜黄色。腰暗灰色。翅黑褐色，翅上大覆羽、中覆羽和内侧飞羽具宽的白色羽缘。尾上覆羽和尾羽黑褐色，外侧2对尾羽具大型楔状白斑。跗跖和趾乌黑色，爪黑色。雌鸟头顶黄色，羽端沾少许灰褐色；额和头侧辉黄色。虹膜暗褐色，具黄色眉纹。背和腰黑灰色或灰色，背部散布黑色羽端。颏、喉、胸和腹黄色。
生活习性： 主要以鳞翅目、鞘翅目、双翅目、膜翅目及半翅目等昆虫为食，也会少量取食植物种子等。常成对或小群活动于河流湖畔、沼泽浅滩及水域周围的林缘草地和农田旷野等地带。栖息时尾常上下摆动；飞行时鸣叫，鸣声重复而有颤音。
居 留 型： 旅鸟
保护级别： 国家三有保护野生动物、IUCN物种濒危等级——无危（LC）

138 黄鹡鸰 *Motacilla tschutschensis* Gmelin

英 文 名： Eastern yellow wagtail

特　　征： 体形中等，体长150 ~ 190 mm。雄鸟前额、头顶至后枕石板灰色。无眉纹，有的仅在眼后稍杂白色细纹。虹膜褐色，眼先和眼周黑色。嘴黑色。后颈、肩、背至尾上覆羽暗绿色。颏尖黄白；其余下体亮黄色。耳羽灰黑色。腋羽淡黄色。翅黑褐色；小覆羽宽缘暗绿色，中覆羽和大覆羽具淡黄白色羽缘，形成2道翅斑；其余飞羽外翈具淡黄白色羽缘；翅下覆羽淡黄色，具灰黑色横斑。尾羽黑褐色，具狭的淡黄白色羽缘；最外侧2对尾羽大部分白色，仅内翈边缘黑色。跗跖、趾和爪黑色。雌鸟与雄鸟相似。

生活习性： 主要以膜翅目、鞘翅目和鳞翅目等昆虫为食。常成对或小群活动于低山丘陵、山地平原的林缘、林中溪流、河谷、旷野及公园。喜停歇在河边或河心石头上，尾羽不断地上下摆动，飞行呈波浪式；鸣声为“唧、唧”声。

居 留 型： 旅鸟

保护级别： 国家三有保护野生动物、IUCN物种濒危等级——无危（LC）

139 布氏鹨 *Anthus godlewskii* Taczanowski

别　　名： 布莱氏鹨

英 文 名： Blyth's pipit

特　　征： 体形中等，体长约为180 mm。成鸟上体灰褐色或黑褐色，具宽的棕黄色羽缘，使上体呈现出棕黄色而具黑褐色羽干纹。虹膜暗褐色。嘴肉色，嘴基和下嘴色淡。颏和喉白色或皮黄色，喉侧具黑褐色纵纹。胸部沙棕色，具暗褐色纵纹。腰和尾上覆羽沙褐色。腹部和其余下体淡棕黄色或沙黄色。翅尖长，翅羽暗褐色，具沙黄色羽缘；中覆羽羽端较宽，形成清晰的翼斑；三级飞羽极长。尾细长，尾羽黑褐色；外侧尾羽具白斑；中央1对尾羽具宽的赭色羽缘；最外侧1对尾羽外羽白色。跗跖和趾淡褐色，细长；爪淡黄色，后爪较弯曲。

生活习性： 主要以鞘翅目、膜翅目、双翅目等昆虫的成虫及幼虫为食，也会取食少量植物性食物。常成对或小群活动于河滩、谷地、沼泽、草地及林间空地。鸣声圆润且具特征性的响亮唧喳声，结尾时音略下降。

居 留 型： 旅鸟

保护级别： 国家三有保护野生动物、IUCN物种濒危等级——无危（LC）

140 树鹨 *Anthus hodgsoni* Richmond

别　　名： 木鹨、麦加蓝儿、树鲁

英 文 名： Olive-backed pipit, Oriental tree pipit

特　　征： 体形中等，体长140 ~ 170 mm。成鸟上体绿褐色或橄榄绿色；头顶具细密的黑褐色纵纹，背部纵纹不明显。眉纹自嘴基起棕黄色，后转为白色或棕白色。贯眼纹黑褐色。虹膜红褐色，眼先和颊棕色。嘴黑褐色，下嘴基部肉色。颏和喉棕红色，喉侧具黑色颧纹；胸和两胁棕白色，具黑褐色粗纹，胸部的黑褐色粗纹显著；其余下体白色，尾下覆羽微沾淡棕色。两翼黑褐色，各羽缘橄榄黄绿色；中覆羽和大覆羽具较宽的棕白色羽缘。中央尾羽暗褐色，具橄榄绿色羽缘；外侧尾羽黑褐色，具狭的橄榄绿色羽缘；最外侧尾羽外翈绿褐色，内翈基部暗褐色，其余乳白色；最外侧次1对尾羽端部具白色小斑。跗跖和趾浅肉色，爪淡褐色。

生活习性： 主要以鳞翅目、直翅目、鞘翅目和膜翅目等昆虫的成虫及幼虫为食，也会取食蜘蛛、蜗牛等小型无脊椎动物和苔藓、谷粒、草籽等。常成对或小群活动于低山丘陵和山脚平原地带的山地森林、疏林灌丛、林间空地及河谷草地等。性机警，多在地上奔跑觅食，停歇时尾常上下摆动；鸣声尖细。

居 留 型： 旅鸟

保护级别： 国家三有保护野生动物、IUCN物种濒危等级——无危（LC）

141 田鹨 *Anthus richardi* Vieillot

别　　名： 理氏鹨、花鹨、大花鹨

英 文 名： Richard's pipit

特　　征： 体形中等，体长150～200 mm。雌雄羽色相似。成鸟头顶、前额和背棕黄色，满布黑色纵纹；后颈和腰纵纹不显著或无纵纹。眉纹淡棕白色。虹膜褐色，眼先和眼下淡棕白色，具黑褐色细纹。上嘴和下嘴尖端暗褐色，下嘴基部角黄色。颊、颏和喉淡棕白色；颊纹和颚纹纤细，呈黑褐色。胸和两胁淡棕黄色，胸部具黑褐色点斑。腹部中央至尾下覆羽淡棕白色。耳羽棕褐色。腋羽和翅下覆羽淡棕白色；肩羽和翅上覆羽黑色，具宽的棕黄色羽缘；飞羽暗褐色，具狭的棕黄色羽缘；初级飞羽外翈具狭的淡棕白色羽缘，内翈基部具宽的淡棕褐色羽缘，形成翅斑。尾上覆羽棕褐色，具黑褐色轴纹；中央1对尾羽黑褐色，具宽的淡棕黄色羽缘；最外侧1对尾羽白色，仅内翈近基部羽缘黑褐色；最外侧次1对尾羽外翈白色，内翈羽端具较宽的楔状白斑和暗褐色羽轴；其余尾羽黑褐色，外翈具淡棕白色羽缘。跗跖和趾肉褐色，爪角褐色。

生活习性： 主要以鞘翅目、直翅目、膜翅目和鳞翅目等昆虫的成虫及幼虫为食，也会取食草籽等。常活动于林间空地、林缘灌丛、草地、河滩、农田和沼泽等地带。多贴地面飞行，飞行呈波浪式；鸣声重复或为细弱的“啾啾”声。

居 留 型： 旅鸟

保护级别： 国家三有保护野生动物、IUCN物种濒危等级——无危（LC）

142 东方田鹨 *Anthus rufulus* Vieillot

英 文 名： Paddy field pipit, Oriental pipit

特　　征： 特征与田鹨相似，但体形较小，嘴也较小。背羽黑纹较粗著，羽缘多呈茶黄色。胸部黄色亦较浓，黑褐色纵纹细密。尾、跗跖及后爪均较短。嘴粉红褐色，跗跖和趾粉红色。

生活习性： 主要以鳞翅目、鞘翅目、直翅目、膜翅目等昆虫的成虫及幼虫为食，也会取食蜘蛛等小型无脊椎动物和草籽等。常单独或小群活动于林缘山坡、田间旷野或草地。常在地面急速奔跑，进食时尾来回摇动，飞行呈波浪式。

居 留 型： 夏候鸟

保护级别： 国家三有保护野生动物、IUCN物种濒危等级——无危（LC）

143 水鹨 *Anthus spinoletta* Linnaeus

别　　名： 冰鸡

英 文 名： Water pipit

特　　征： 体形中等，体长145～180 mm。雄鸟（冬羽）前额、头顶至后颈沙灰褐色，隐现暗褐色纵纹；肩、上背至尾上覆羽沙灰褐色，各羽具不明显的暗褐色纵纹，较头顶的纵纹粗著。眉纹棕白色。虹膜暗褐色。上嘴和下嘴尖端黑褐色，下嘴基部黄褐色。颏和喉白色。胸、腹至尾下覆羽淡棕白色，上胸和两胁缀浅褐色斑纹。耳羽灰褐色。腋羽白色。翅上中覆羽和大覆羽黑褐色，具宽阔的淡棕白色端缘，形成翅斑；飞羽黑褐色，初级飞羽外翈具狭的淡棕白色羽缘；次级飞羽具浅沙灰褐色羽缘；内侧三级飞羽具宽的淡棕白色羽缘；翅下覆羽浅灰褐色。尾羽黑褐色，中央1对尾羽表面暗褐色，具淡褐色羽缘；最外侧1对尾羽内外翈大部分白色，内翈近基部具黑褐色宽缘；最外侧次1对尾羽端部具白斑。跗跖和趾暗褐色，爪黑色。雄鸟（繁殖羽）下体橙黄色；胸部颜色较深，胸和两胁具不明显的暗褐色纵纹；其余与冬羽相似。雌鸟与雄鸟相似，但下体纵纹缺如。

生活习性： 主要以鞘翅目、鳞翅目、膜翅目等昆虫的成虫及幼虫为食，也会取食一些植物的种子。常单独或成对活动于山地森林、林间空地、林缘道旁、疏林灌丛、农田草地及水域岸边等地带。性活泼而机警，不停地在地上或灌丛中觅食，停歇时尾常上下摆动。

居 留 型： 旅鸟/冬候鸟

保护级别： 国家三有保护野生动物、IUCN物种濒危等级——无危（LC）

144 黄腹鹨 *Anthus rubescens* Tunstall

英 文 名： Buff-bellied pipit

特　　征： 体形略小，体长140～170 mm。成鸟上体褐色浓重；头顶具细密的黑褐色纵纹，背部纵纹逐渐不明显。眉纹自嘴基起棕黄色，后转为白色或棕白色。贯眼纹黑褐色。虹膜褐色，眼先黄白色或棕色。上嘴角质色，下嘴偏粉色。颏和喉白色或棕白色，喉侧具黑褐色颧纹。颈侧具近黑色块斑。下背、腰至尾上覆羽几乎为褐色，无纵纹或纵纹极不明显。胸皮黄白色或棕白色，胸和两胁具粗著浓密的黑色纵纹；其余下体白色。两翅黑褐色，具橄榄黄绿色羽缘；中覆羽和大覆羽具白色或棕白色端斑；初级飞羽和次级飞羽羽缘白色。尾羽黑褐色，具橄榄绿色羽缘；最外侧1对尾羽具大型楔状白斑；最外侧次1对尾羽仅尖端白色。跗跖和趾暗黄色。

生活习性： 主要以鞘翅目、鳞翅目、膜翅目等昆虫的成虫及幼虫为食，也会取食一些植物的种子。常成对或小群活动于山地森林、林间空地、林缘路边、疏林灌丛及平原草地等地带。性活跃，不停地在地上或灌丛中觅食；鸣声一连串并快速重复，飞行时鸣声偏高。

居 留 型： 冬候鸟

保护级别： 国家三有保护野生动物、IUCN物种濒危等级——无危（LC）

燕雀科Fringillidae

145 白腰朱顶雀 *Acanthis flammea* Linnaeus

别　　名： 苏雀、贝宁点红、朱点、朱顶红

英 文 名： Common redpoll

特　　征： 体形小，体长120～140 mm。雄鸟额和头顶玫瑰红色或朱红色，额基和鼻羽乌褐色。眉纹乳白色带褐色，眼下纹乳白色。虹膜褐色，眼先黑色或乌褐色。嘴黄褐色，先端黑褐色。耳区和颊淡褐色，羽尖灰白色，微沾玫瑰红色。颏黑色。后头、枕、后颈、肩和背淡褐色或灰棕褐色，具黑褐色轴纹。腰白色或灰白色，微沾粉红色，具黑褐色条纹。颈侧、喉和胸玫瑰粉色。腹部白色，微沾粉红色。胸侧和两胁皮黄白色沾褐色，具黑褐色纵纹，两胁纵纹较粗著。腋羽和翼下覆羽白色，羽基灰褐色。小覆羽淡褐色；中覆羽和大覆羽黑褐色，边缘淡褐色，先端沙牛皮黄色或乳白色，形成翼上双斑；飞羽黑褐色，羽缘灰褐色，尖端褐白色；三级飞羽外翈先端白色。尾黑褐色，具纤细的白色或灰白色羽缘；尾上覆羽暗褐色，羽缘灰白色；尾下覆羽白色。跗跖和趾黑褐色。雌鸟与雄鸟羽色相似，但喉、胸和腰无粉红色；颏黑色；其余下体皮黄白色，具黑色条纹。

生活习性： 以蒿类种子、杂草籽、嫩叶及小型昆虫为食。常成小群活动于低山丘陵与山脚平原的针阔叶混交林、阔叶林和次生林的林缘、草坡、灌丛、河谷及生长稀疏幼木的沼泽等地带。性胆大，不畏人，鸣声有由柔和到刺耳的变化。

居 留 型： 旅鸟/冬候鸟

保护级别： 国家三有保护野生动物、IUCN物种濒危等级——无危（LC）、北京市重点保护野生动物

（雌）

146 中华朱雀 *Carpodacus davidianus* Milne Edwards

英 文 名： Chinese beautiful rosefinch

特　　征： 体形中等，体长130～150 mm。雄鸟头顶玫瑰红色；头侧和喉部葡萄红色，具珍珠光泽。眉纹玫瑰粉红色。虹膜暗褐色或红褐色，眼先灰褐色或暗褐色。嘴暗褐色或角褐色，下嘴较淡。头至背灰褐色，具黑褐色纵纹。腰和尾上覆羽浅葡萄红色，喉、胸、腹、两胁和尾下覆羽葡萄红色，两胁和中央尾羽具黑褐色纵纹。腋羽和翼下覆羽淡玫瑰红色。翅上覆羽褐色或暗褐色，具玫瑰红色羽缘；飞羽黑褐色，外翈具窄的黄褐色羽缘。跗跖和趾肉色或角褐色。雌鸟无红色羽。眉纹黄褐色，宽而不明显。上体灰褐色，具宽的黑褐色纵纹。下体淡灰黄色，具黑褐色纵纹。

生活习性： 主要以草籽为食，也会取食植物的果实、嫩芽等。常单独或成对活动于针阔叶混交林、小树丛、疏林灌丛及岩石荒坡等地带。性温顺，鸣声悦耳。

居 留 型： 旅鸟

保护级别： 国家三有保护野生动物、IUCN物种濒危等级——无危（LC）、北京市重点保护野生动物

（雄）

（雌）

（雌）

147 普通朱雀 *Carpodacus erythrinus* Pallas

别　　名： 红麻料、青麻料

英 文 名： Common rosefinch

特　　征： 体形略小，体长130～160 mm。雄鸟头顶、额和枕深朱红色或深洋红色。虹膜暗褐色，眼先暗褐色，微染白色。嘴角褐色，下嘴较淡。后颈、背和肩暗褐色或橄榄褐色沾深朱红色或红色，具不明显的暗褐色羽干纹。颊、颏、喉和上胸朱红色或洋红色，下胸至腹和两胁淡洋红色或淡红色，腹部中央至尾下覆羽白色或灰白色，微沾粉红色。腰和尾上覆羽玫瑰红色或深红色。耳羽褐色而杂有粉红色。腋羽和翼下覆羽灰色。两翅黑褐色，翅上覆羽具宽的洋红色羽缘；飞羽外翈具窄的土红色羽缘。尾羽黑褐色，羽缘沾棕红色。跗跖和趾褐色。雌鸟上体灰褐色或橄榄褐色，头顶至背具暗褐色纵纹。下体灰白色或皮黄白色，颏、喉、胸和两胁具暗褐色纵纹。两翅和尾黑褐色，外翈具窄的橄榄黄色羽缘，中覆羽和大覆羽端斑近白色。

生活习性： 主要以植物的果实、种子、花、嫩芽和嫩叶等为食，也会取食鳞翅目等昆虫。常单独或成对活动于山区的针阔叶混交林或阔叶林。性活泼，频繁地在树木或灌丛间飞行，飞行呈波浪式前进；很少鸣叫。

居 留 型： 旅鸟

保护级别： 国家三有保护野生动物、IUCN物种濒危等级——无危（LC）

148 金翅雀 *Chloris sinica* Linnaeus

别　　名： 金翅、东方金翅、绿雀、黄绿雀、芦花黄雀、谷雀、黄豆雀、黄楠鸟、铜铃、黄弹鸟、碛弱
英 文 名： Grey-capped greenfinch, Oriental greenfinch
特　　征： 体形较小，体长115 ~ 145 mm。雄鸟头顶和后颈灰褐色，头侧、额、颊、眉纹和耳覆羽褐灰色沾绿黄色。虹膜栗褐色，眼先和眼周近黑色。嘴黄褐色或肉黄色。颏和喉暗黄绿色。背和肩暗栗褐色。腰金黄绿色。胸、腹和两胁暗棕褐色，具黄色斑纹；下胸和腹中央鲜黄色；下腹近白色。腋羽和翼下覆羽鲜黄色。翅上内侧覆羽棕橄榄褐色；初级覆羽和小翼羽黑色；初级飞羽和次级飞羽大部分鲜亮黄色，端部黑色；最内侧三级飞羽灰褐色，羽缘和羽端灰白色；尾羽黑色；中央尾羽基部沾黄色，羽缘灰白色；外侧尾羽基部鲜黄色，羽端和羽缘均灰白色；尾下覆羽亮黄色。跗跖和趾淡棕黄色或淡灰红色。雌鸟与雄鸟羽色相似，但羽色较暗淡。头顶至后颈灰褐色，具暗色轴纹。上体羽色少黄色，腰淡褐色沾黄绿色。下体仅微沾黄色。
生活习性： 主要以植物的果实、种子、草籽及谷粒等农作物为食。常单独或成对活动于低山丘陵、山脚平原、农田、果园等开阔地带的稀疏针叶林或杂木林。多在树冠层枝叶间飞行跳跃，飞行迅速，两翅扇动快；鸣声单调清晰而尖锐，并带有颤音。
居 留 型： 留鸟
保护级别： 国家三有保护野生动物、IUCN物种濒危等级——无危（LC）、北京市重点保护野生动物

149 黑尾蜡嘴雀 *Eophona migratoria* Hartert

别　　名： 蜡嘴、小桑嘴、哨花子、铜嘴、皂儿（雄）、灰儿（雌）

英 文 名： Chinese grosbeak, Yellow-billed grosbeak, Black-tailed hawfinch

特　　征： 体形较大，体长170 ~ 200 mm。雄鸟头顶、头侧、额、颏和喉等整个头部灰黑色，具蓝色金属光泽。虹膜浅红褐色，眼先灰黑色。嘴橙黄色，繁殖期嘴基、会合线和尖端蓝黑色。下喉、胸和上腹浅灰色略沾焦黄色，腹侧和两胁焦黄色。后颈、肩和背灰褐色。腰和尾上覆羽淡灰色或灰白色。下腹及尾下覆羽白色。腋羽和翼下覆羽黑色，羽缘白色。翅上覆羽和飞羽黑色，具蓝紫色金属光泽；小覆羽灰褐色，中覆羽和大覆羽亮浅紫黑色；初级覆羽辉黑色，具白色羽端；外侧初级飞羽末端白色，内侧初级飞羽具狭小的白色端斑，外侧次级飞羽具白色羽端。尾黑色，外翈具蓝黑色金属光泽；中央尾羽亮黑色，其余尾羽黑色。跗跖和趾肉色。雌鸟头部灰褐色，头侧、耳羽至喉银灰色。背和肩灰黄褐色。腰至尾上覆羽近银灰色。下体淡灰褐色，两胁和腹沾橙黄色。翼覆羽灰褐色；初级飞羽外翈末段和羽端白色；内侧次级飞羽灰黄褐色，外侧次级飞羽尖端沾白色。尾羽灰褐色，尾下覆羽污灰白色。

生活习性： 主要以植物的种子、果实、嫩叶和嫩芽为食，也会取食膜翅目、鞘翅目等昆虫。常活动于低山丘陵和山脚平原的阔叶林、针阔叶混交林、次生林、林缘疏林、河谷沿岸、农田、果园、公园、庭院等地带。性活泼大胆，飞行迅捷，常在树冠层枝叶间飞行跳跃；繁殖期鸣声高亢，悠扬婉转。

居 留 型： 留鸟

保护级别： 国家三有保护野生动物、IUCN物种濒危等级——无危（LC）、北京市重点保护野生动物

150 苍头燕雀 *Fringilla coelebs* Linnaeus

英 文 名： Common chaffinch

特　　征： 体形中等，体长140 ~ 155 mm。雄鸟头顶、枕和后颈暗蓝灰色或石板蓝色，前额黑色。眉纹、眼先和颊鲜栗红色或葡萄红色，虹膜褐色。嘴肉褐色或灰褐色。颏、喉、胸和两胁淡栗红色。背褐色或栗褐色，羽基灰色；下背和腰草绿色或黄绿色。腹部中央和肛周白色。翼下覆羽和腋羽黄白色，羽基沾灰色。翅上小覆羽和中覆羽白色，大覆羽黑色，尖端白色；初级飞羽黑色，羽缘淡黄色；次级飞羽黑色，外翈羽缘近端沾黄色，内翈具宽的白色羽缘。尾上覆羽苍灰色，羽缘沾绿色；尾下覆羽白色；中央尾羽灰色或蓝灰色，其余尾羽黑色；外侧尾羽内翈具大型楔状白斑。跗跖和趾淡褐色至紫褐色。雌鸟头、颈、背和肩暗栗褐色，头侧和耳覆羽赭褐色，具细的白色羽干纹。颏、喉和上胸灰褐色，下胸和两胁烟褐色。腹中部污白色。肛周和尾下覆羽白色。翅上小覆羽灰褐色，中覆羽白色，大覆羽暗褐色，具白色尖端；飞羽褐色，较雄鸟色深。

（雌）

生活习性： 主要以草籽、农作物及林木的嫩叶、果实和种子为食，也会捕食鳞翅目等昆虫。常成对或小群活动于各类森林、林缘疏林、灌丛及农田、旷野等地带。性大胆，鸣声变化很大。

居 留 型： 冬候鸟

保护级别： 国家三有保护野生动物、IUCN物种濒危等级——无危（LC）

（雄）

151 燕雀 *Fringilla montifringilla* Linnaeus

别　　名： 虎皮燕雀、虎皮雀、花鸡、花雀、韩鸦

英 文 名： Brambling

特　　征： 体形中等，体长130 ~ 170 mm。雄鸟（夏羽）头顶、头侧、后颈和上背辉蓝黑色，背羽基部白色；下背和腰白色。虹膜褐色或暗褐色。嘴基角黄色，嘴尖黑褐色。肩锈色。颏、喉和上胸栗红色，下胸和腹淡棕色。体侧和两胁橄榄绿色，具黑色斑点。肩羽橙黄色。腋羽和翼下覆羽白色沾淡黄色。翅上小覆羽锈棕色，中覆羽和大覆羽尖端白色；飞羽黑褐色，羽缘皮黄色，羽基外翈具白斑；三级飞羽羽缘栗色。尾羽黑色，具狭窄的黄白色羽缘；尾上覆羽中央白色，羽缘灰黑色；尾下覆羽淡棕白色。跗跖深褐色。雄鸟（冬羽）羽色较暗淡。上体各羽的羽缘黄赤灰色，飞羽羽缘黄赤色较深。雌鸟与雄鸟（冬羽）近似，但羽色较苍淡。头、颈和背黑褐色，各羽具宽的黄赤色羽缘；头侧皮黄色；下背和腰近白色。下体色似雄鸟，但色泽较淡。两翅暗褐色，初级飞羽羽缘黄色较深，三级飞羽羽缘栗黄褐色。尾羽浅黑色；尾上覆羽近白色，尾下覆羽灰白色。

生活习性： 主要以谷物、杂草、果树及松柏等农林植物的果实和种子为食，也会取食鳞翅目等昆虫。常成群活动于低山丘陵和山脚平原的各类森林、林缘疏林、农田、果园及旷野等地带。性喜群居，鸣声为响亮单调的粗喘息声。

居 留 型： 冬候鸟

保护级别： 国家三有保护野生动物、IUCN物种濒危等级——无危（LC）、北京市重点保护野生动物

152 红腹灰雀 *Pyrrhula pyrrhula* Linnaeus

别　　名：老牛闷儿

英 文 名：Rurasian bullfinch, Common bullfinch

特　　征：体形中等，体长150～175 mm。雄鸟头顶、额、枕至后颈亮黑色，具蓝色金属光泽。虹膜赤褐色，眼先和眼周黑色。嘴辉黑色。颊前部、颏和上喉绒黑色。背和肩灰色。腰白色。耳羽、下喉、胸、腹和两胁朱红色或鲜红色。肩羽和翅上小覆羽灰色；大覆羽基部黑色，尖端白色，形成白带；飞羽黑色，内侧飞羽具蓝黑色光泽。尾羽紫黑色；中央尾羽黑色，外侧尾羽基部的大部分白色；尾下覆羽白色。跗跖和趾暗褐色或黑色。雌鸟与雄鸟大致相似。头部黑色较暗淡；背灰色沾褐色，下背微沾棕色。下体褐灰色微沾红色。

生活习性：主要以苔藓及草籽、松子等林木种子为食。常活动于低山丘陵、山脚平原的针叶林、针阔叶混交林、次生杨桦林、人工林、林缘疏林灌丛及庭院、果园等地带。性较安静，成群在树冠间来回飞行，飞行时轻盈无声；鸣声柔和单调，较少鸣叫。

居 留 型：偶遇鸟

保护级别：国家三有保护野生动物、IUCN物种濒危等级——无危（LC）

拍摄：姚文志

拍摄：姚文志

153 黄雀 *Spinus spinus* Linnaeus

别　　名： 黄鸟、金雀、芦花黄雀

英 文 名： Eurasian siskin, Siskin

特　　征： 体形小，体长105 ~ 120 mm。雄鸟（春羽）额、头顶和枕部黑色，枕羽略带灰黄色。眉纹鲜黄色。虹膜近黑色，眼先灰色；贯眼纹短，黑色。嘴暗褐色，下嘴较淡。颊黄色。颏和喉中央黑色，羽尖沾黄色。后颈绿色，羽缘黄色。腰亮黄色，羽尖色较深，近背部具褐色羽干纹。胸亮黄色。腹灰白色，微沾黄色。两胁及尾下覆羽灰白色，具黑褐色羽干纹。耳羽暗绿色。尾上覆羽褐色，具宽的亮黄色羽缘；中央1对尾羽黑褐色，具窄的亮黄色羽缘；最外侧1对尾羽外翈基部和内翈亮黄色；其余尾羽基部亮黄色，先端黑褐色，具黄色羽缘。跗跖和趾暗褐色。雄鸟（秋羽）的体羽具黄色、绿色和黑色等色泽，较春羽暗淡，但羽干纹较明显。雌鸟头顶、头侧和额褐色沾绿色，具黑褐色羽干纹。腰绿黄色，具条纹。下体淡绿黄色或黄白色，具褐色羽干纹，两胁的羽干纹较粗。其余与雄鸟相似。

生活习性： 主要以裸子植物种子、草籽，以及稗和粟等植物的嫩芽或种子为食，也会取食半翅目、鞘翅目昆虫。常成对或小群活动于低山丘陵和山脚平原的针叶林、针阔叶混交林、杂木林及公园、苗圃等地带。性不大怯疑，飞行快速，直线前进；鸣声为金属声和颤音相混杂的旋律。

居 留 型： 旅鸟

保护级别： 国家三有保护野生动物、IUCN物种濒危等级——无危（LC）、北京市重点保护野生动物

（雌）

（雌）

鹀科Emberizidae

154 黄胸鹀 *Emberiza aureola* Pallas

别　　名：花椒子儿、黄鸣、禾花雀、麦黄雀、大麦黄、黄肚囊、老铁背儿、骆驼背儿、铜背儿

英 文 名：Yellow-breasted bunting

特　　征：体形中等，体长130～155 mm。雄鸟头顶、头侧、额、颊、颏和上喉黑色。虹膜褐色。上嘴灰色，下嘴粉褐色。背、肩、腰和尾上覆羽红栗色或深栗色，背部具黑褐色羽干纵纹。胸部横贯1条栗褐色带；其余下体黄色，向后至尾下覆羽渐变为白色；两胁散布棕褐色纵纹。两翅黑褐色；小覆羽红栗色或深栗色，中覆羽白色，大覆羽外翈栗褐色，内翈黑褐色；初级覆羽、初级飞羽和次级飞羽暗褐色，具黄褐色羽缘；内侧次级飞羽黑色沾褐色，具宽的棕褐色羽缘。尾羽黑褐色，羽缘淡棕白色；外侧尾羽具白色楔形斑纹。跗跖和趾暗肉色或暗棕色。雌鸟眉纹皮黄白色。上体棕褐色或黄褐色，具粗著的黑褐色中央纵纹；腰和尾上覆羽栗红色。下体淡黄色；胸部无横带，两胁具栗褐色纵纹。两翅黑褐色；中覆羽具宽阔的白色端斑，大覆羽具窄的灰褐色端斑。

生活习性：主要以鞘翅目、鳞翅目、直翅目、双翅目和半翅目等昆虫为食，也会取食小型无脊椎动物和草籽及其他植物的种子与果实等。常活动于低山丘陵、开阔平原、河谷沿岸的疏林、林缘、灌丛、草甸及草地等地带。性胆怯，鸣声低弱，多变而悦耳。

居 留 型：旅鸟

保护级别：国家一级重点保护野生动物、IUCN物种濒危等级——极危（CR）

155 三道眉草鹀 *Emberiza cioides* Brandt

别　　名： 山麻雀、三道眉、犁雀儿、大白眉、山带子

英 文 名： Meadow bunting, Long-tailed bunting

特　　征： 体形略大，体长145 ~ 175 mm。雄鸟头顶和枕浓栗红色，羽缘淡黄色；额呈黑褐色和灰白色混杂状。眉纹白色。虹膜栗褐色，眼先和眼下各具1条黑纹。嘴灰黑色，下嘴较浅。颏和喉淡灰色。背、腰和尾上覆羽栗红色，具黑褐色纵纹。前胸栗红色。两胁栗红色至栗黄色，向后渐淡。腹部和尾下覆羽沙黄色。耳羽深栗色。腋羽和翼下覆羽灰白色，羽基微黑色。翅上小覆羽灰褐色，羽缘较浅白；中覆羽内翈褐色，外翈栗红色；大覆羽和三级飞羽中央黑褐色，羽缘黄白色；初级飞羽暗褐色，羽缘淡棕色。中央1对尾羽栗红色，具黑褐色羽干纹；其余尾羽黑褐色，外翈边缘土黄色；最外侧第2对尾羽末端具楔状白斑。跗跖和趾肉色。雌鸟羽色较雄鸟暗淡。头顶、后颈和背浅褐色沾棕色，满布黑褐色纵纹。眉纹、耳羽和喉土黄色。眼先和颊纹沾污黄色。胸部栗色横带不明显。

生活习性： 以草籽、谷粒、林木种子及鳞翅目、直翅目、半翅目、双翅目和膜翅目等昆虫为食。常成对或小群活动于低山丘陵或山脚平原的稀疏林缘、矮树丛、草丛、农田及旷野等开阔地带。性颇怯疑，善藏匿；雄鸟鸣声动听。

居 留 型： 留鸟

保护级别： 国家三有保护野生动物、IUCN物种濒危等级——无危（LC）、北京市重点保护野生动物

156 黄喉鹀 *Emberiza elegans* Temminck

别　　名： 春暖儿、黄豆瓣、黄眉子、黑月子、黄凤儿、探春

英 文 名： Yellow-throated bunting

特　　征： 体形中等，体长135 ~ 155 mm。雄鸟头顶、头侧、前额、冠羽和耳羽黑色。眉纹长且宽阔，前段白色或黄白色，后段鲜黄色。虹膜褐色，眼先黑色。嘴黑色，下嘴基部较浅。颊和颏黑色。上喉鲜黄色，下喉白色。后颈黑褐色，具灰色羽缘。肩和背栗红色或栗褐色，具粗著的黑色羽干纹和皮黄色或棕灰色羽缘。腰和尾上覆羽淡棕灰色或灰褐色，微沾棕栗色。胸部具半月形黑色块斑，其余下体污白色或灰白色，两胁具栗色或栗黑色纵纹。翅上覆羽黑褐色，中覆羽和大覆羽具棕白色端斑；飞羽黑色或黑褐色，外翈羽缘皮黄色或棕灰色，内侧飞羽内翈羽缘白色。中央1对尾羽灰褐色或棕褐色；其余尾羽黑褐色，羽缘浅灰褐色；最外侧尾羽具大的白色楔形斑纹。跗跖和趾肉色。雌鸟羽色与雄鸟相似，但较暗淡。头部褐色。眉纹和后枕皮黄色或沙黄色。颏和喉黄色较淡；胸部无黑色半月形斑，仅具少许栗棕色或黑栗色纵纹。背部褐栗色，腰和尾上覆羽灰褐色。

生活习性： 主要以鳞翅目、膜翅目、毛翅目、双翅目等昆虫的成虫及幼虫为食。常活动于低山丘陵、山脚平原和河谷沿岸的林间灌丛及草地、山地草坡、农田、疏林等地带。性活泼而胆小，频繁在灌丛和草丛间飞行跳跃；鸣声单调。

居 留 型： 旅鸟/留鸟

保护级别： 国家三有保护野生动物、IUCN物种濒危等级——无危（LC）、北京市重点保护野生动物

（雌）

（雄）

157 栗耳鹀 *Emberiza fucata* Pallas

别　　名： 高粱颏儿、赤脸雀

英 文 名： Chestnut-eared bunting, Gray-hooded bunting

特　　征： 体形略大，体长130～170 mm。雄鸟头顶、额、枕和后颈灰色，具黑色羽干纹。眉纹污白色，不明显。虹膜褐色，眼先和眼周污白色。嘴褐色，下嘴基部肉色。背和肩栗色或栗褐色，具宽阔的黑色羽干纹，背部羽干纹较显著；下背和腰淡栗色。颊、颏、喉和胸淡皮黄白色，上胸具1条黑色斑点组成的横带，黑色横带下部具1条横跨胸部的栗红色横带；其余下体皮黄白色，两胁沾皮黄色或砖红色，具黑褐色羽干纹。耳羽栗色。翅上小覆羽栗色；中覆羽、大覆羽和三级飞羽黑色，具宽的褐栗色羽缘；初级覆羽、初级飞羽和次级飞羽黑褐色。尾黑褐色，尾上覆羽橄榄褐色，具黑色羽干纹；中央1对尾羽内翈具宽的淡褐灰色羽缘，外翈具窄的淡皮黄色羽缘；最外侧1对尾羽具长的楔状白斑。跗跖和趾肉色。雌鸟与雄鸟相似。但上体褐色较淡，栗色较少。胸部黑色斑点较小较稀，黑色横带无或不明显。

生活习性： 以鳞翅目、鞘翅目、膜翅目等昆虫的成虫及幼虫和草籽、灌木昊实及农作物种子为食。常活动于低山丘陵、河谷平原等地带的疏林林缘、沼泽草地和田边灌丛。紧贴地面飞行，平时较少鸣叫。

居 留 型： 旅鸟

保护级别： 国家三有保护野生动物、IUCN物种濒危等级——无危（LC）

158 灰眉岩鹀 *Emberiza godlewskii* Taczanowski

别　　名： 灰眉雀、灰眉子

英 文 名： Godlewski's bunting

特　　征： 雄鸟（春羽）头顶、额、枕至后颈蓝灰色，头顶两侧各具1条宽的栗色带。颈侧和眉纹蓝灰色。虹膜褐色，眼先和颧纹黑色。嘴紫黑色，下嘴色较淡。颊和耳羽蓝灰色。上背沙褐色或棕沙褐色，肩栗红色，具黑色中央纵纹；下背、腰和尾上覆羽纯栗红色，无纵纹或纵纹不明显。颏、喉和上胸蓝灰色；其余下体淡肉桂棕色，腹部中央浅淡。翅上小覆羽蓝灰色；中覆羽黑色，尖端乳白色，形成翼上横斑；大覆羽黑色，羽端淡灰色；小翼羽和初级覆羽暗褐色沾灰色。中央尾羽沙褐色，羽缘淡棕色，外侧尾羽黑褐色，最外侧第2对尾羽具楔形白斑。跗跖和趾肉色。雌鸟（春羽）与雄鸟相似，但头顶多黑色纵纹，后颈淡灰色沾褐色；头顶两侧的深栗褐色较宽；下体羽色均较雄鸟暗淡。雌鸟和雄鸟的秋羽均较春羽浅淡。

生活习性： 主要以草籽、农林作物的果实和种子为食，也会取食鞘翅目、半翅目、鳞翅目和直翅目等昆虫的成虫及幼虫。常单独或成对活动于低山丘陵、河谷沿岸、林缘道旁及农田旷野等开阔地带的岩石荒坡、草地和灌丛。通常不远飞，鸣声嘹亮和谐，婉转动听。

居 留 型： 留鸟

保护级别： 国家三有保护野生动物、IUCN物种濒危等级——无危（LC）

159 小鹀 *Emberiza pusilla* Pallas

别　　名： 花椒子儿、麦寂寂、铁脸儿、高粱头、虎头儿

英 文 名： Little bunting

特　　征： 体形较小，体长115～150 mm。雄鸟（春羽）头部栗红色，头侧具黑色宽带。眉纹红褐色。虹膜褐色，眼先和颊侧赤栗色。上嘴近黑色，下嘴灰褐色。颈灰褐色沾土黄色。肩和背沙褐色，具黑褐色羽干纹。喉侧、胸和两胁土黄色，具黑色条纹；其余下体白色。腰和尾上覆羽灰褐色。耳羽暗栗色，后缘沾黑色。翅上覆羽黑褐色，具赭黄色羽缘；初级覆羽暗褐色，羽缘较淡；小覆羽土黄褐色；中覆羽和大覆羽黑褐色，中覆羽羽端土黄色，大覆羽羽端土黄色；飞羽暗褐色。尾羽褐色，具不明显土白色羽缘；最外侧1对尾羽具楔状白斑；次1对尾羽羽轴处具白色窄纹。跗跖和趾淡褐色。雄鸟（秋羽）头顶羽端赭土色，头顶头侧赤栗色和黑色混杂；翼羽具近赭色羽缘；其他羽色和春羽大致相同。雌鸟羽色较雄鸟暗淡。头顶中央红褐色，密布狭小的黑色纵纹和赭土色羽端；头侧具黑褐色宽带（秋羽头侧的宽带为红褐色）；其他与雄鸟（春羽）相同。

生活习性： 主要以草籽、灌木浆果及林木种子为食，也会取食鞘翅目、膜翅目、半翅目和鳞翅目等昆虫。常成群活动于低山丘陵、山脚平原、农田地边的小树丛、灌丛和草地。性颇怯疑，善藏匿，飞翔时尾羽有规律地散开和收拢；鸣声响亮，清脆婉转。

居 留 型： 旅鸟/冬候鸟

保护级别： 国家三有保护野生动物、IUCN物种濒危等级——无危（LC）、北京市重点保护野生动物

160 田鹀 *Emberiza rustica* Pallas

别　　名： 白眉儿、花眉子、田雀、花嗉儿、花九儿

英 文 名： Rustic bunting

特　　征： 体形略小，体长125 ~ 165 mm。雄鸟（春羽）头顶和颊黑色，部分羽端沾栗黄色。枕部白色，形成1个白斑。眉纹白色。颧纹棕白色，延伸至颈侧。虹膜暗褐色。上嘴和嘴尖角褐色，下嘴肉色。颏、喉、颈侧和腹近白色，颏和喉侧具1个褐色点斑。背至尾上覆羽栗红色；背羽中央具黑褐色纵纹，羽缘土黄色；余羽具黄色狭缘。胸和两胁的羽端栗红色。翅上小覆羽栗褐色，羽缘土黄色；中覆羽和大覆羽黑褐色，羽缘栗红色至栗黄色，羽端白色，形成2道白斑；小翼羽、初级覆羽和飞羽角褐色，羽缘栗黄色。中央尾羽中部黑褐色，向两侧渐变为栗色，羽缘土白色；最外侧2对尾羽各具1条白色带斑，最外侧的向外翈延伸；其余尾羽黑褐色，微具黄褐色羽缘。跗跖和趾肉黄色。雄鸟（冬羽）除后胸和腹部外，其余各羽均具栗黄色羽缘。雌鸟（春羽）羽色较雄鸟暗淡。头部黑褐色，枕部浅色斑较显著。颊黄褐色，胸部栗白色。雌鸟（冬羽）栗黄色羽缘发达。头部黄褐色，眉纹沾黄棕色。胸部栗红色，带土黄色；其他与春羽相同。

生活习性： 主要以草籽、农林作物种子为食，也会取食昆虫和蜘蛛等小型无脊椎动物。常单独或成群活动于平原杂木林、人工林、灌木丛、沼泽、草甸、农田、庭院。性耐寒，不甚畏人；鸣声稍尖锐，春天时婉转动听。

居 留 型： 冬候鸟

保护级别： 国家三有保护野生动物、IUCN物种濒危等级——易危（VU）

161 栗鹀 *Emberiza rutila* Pallas

别　　名：大红袍、红金钟、紫背儿

英 文 名：Chestnut bunting, Ruddy bunting

特　　征：体形略小，体长130 ~ 145 mm。雄鸟（春羽）头部至尾上覆羽鲜栗红色，腰和尾上覆羽色较浅淡。虹膜褐色。上嘴棕褐色，下嘴淡褐色。颏、喉和上胸鲜栗红色，下胸至尾下覆羽深硫黄色；体侧和两胁橄榄绿色，具暗黑色条纹。初级覆羽暗褐色，羽缘青绿色；飞羽暗褐色，羽缘橄榄绿色；初级飞羽羽缘淡绿黄色；内侧次级飞羽表面栗红色。尾羽暗褐色，羽缘青绿色；最外侧尾羽外翈具小型白色端斑。跗跖和趾淡肉褐色。雄鸟（秋羽）的栗红色部分较深暗，几乎呈锈褐色，具橄榄黄色羽缘；颏、喉和上胸的羽端白色；其他体羽部分色泽较深。雌鸟（春羽）头上部栗褐色，中央黄褐色，具黑色条纹。眉纹、眼先和眼周淡灰色。上背和肩羽栗褐色，具黑色宽条纹；下背和腰淡栗红色。颊、颏和喉淡牛皮黄色，其余下体浅硫黄色，胸部具暗色轴纹；体侧和两胁灰绿色，具亮黑褐色纵纹。耳羽淡灰褐色，上缘具细黑纹。翼覆羽黑褐色，羽缘橄榄灰色，羽端黄白色；小翼羽、初级覆羽和飞羽暗褐色，羽缘橄榄褐色；次级飞羽微具红色羽缘。尾羽较雄鸟色淡；尾上覆羽无栗红色，具灰色羽缘，中央色较暗。雌鸟秋羽与春羽相似，绿黄色部分转变为淡褐色，黑色纵纹不显著。

生活习性：主要以草籽、农作物及林木的种子和嫩芽为食，也会取食鞘翅目等昆虫。常活动于低山丘陵、河流沿岸的次生阔叶林、杂木疏林及林缘灌丛。性不大怯疑，鸣声洪亮带金属声。

居 留 型：旅鸟

保护级别：国家三有保护野生动物、IUCN物种濒危等级——无危（LC）

162 灰头鹀 *Emberiza spodocephala* Pallas

别　　名： 青头鬼儿、蓬鹀、黑脸鹀、青头雀、青头愣

英 文 名： Black-faced bunting, Grey-headed black-faced bunting

特　　征： 体形略小，体长130～145 mm。雄鸟（春羽）头和颈绿灰色微沾黄色。虹膜褐色，眼先灰黑色。嘴棕褐色，下嘴先端暗褐色。颊和颏灰黑色。肩和上背橄榄绿色，微沾赤褐色；下背、腰和尾上覆羽浅橄榄褐色。胸部淡硫黄色；胸侧和两胁淡褐色，具黑褐色条纹。肛周和尾下覆羽黄白色。翼下覆羽黄白色，羽基暗色。翅上小覆羽淡红褐色；中覆羽和大覆羽黑褐色，外表沙褐色，羽缘色浅，羽端呈牛皮白色；内侧大覆羽和内侧次级飞羽褐黑色，外翈羽缘赤褐色；小翼羽和初级覆羽褐色；飞羽暗褐色，具淡赤褐色羽缘。尾羽黑褐色；中央尾羽具黄褐色羽缘，其余尾羽绿亮褐色；外侧2对尾羽具宽阔白斑。跗跖和趾肉褐色。雄鸟（秋羽）头和颈橄榄绿色，羽尖黑褐色；前颈和胸部的黑点不明显；其他与春羽相似。雌鸟（春羽）头部褐色较浓。眉纹、眼先和眼周牛皮黄色。颊纹淡黄色，延伸至颈侧。下体淡硫黄色，喉和上胸微沾橄榄绿色；体侧和两胁棕褐色，具黑色条纹；下腹和尾下覆羽黄白色。耳羽褐色，具黄色轴纹。其他部分与雄鸟相似，但颜色较浅淡。雌鸟（秋羽）头部褐色沾棕褐色，具黑色条纹。上体淡褐色，具粗著的黑色轴纹，背和肩羽尤为明显。喉淡橄榄黄色；其余下体白色，胸和腋沾黄色；其他与春羽相似。

（雄）

生活习性： 主要以草籽、谷物和植物果实为食，也会取食鳞翅目等昆虫。常成对或小群活动于河谷沿岸、平原沼泽的杂林、疏林、灌丛、草地、公园及苗圃。性不怯疑，鸣声不太响亮。

居 留 型： 旅鸟

保护级别： 国家三有保护野生动物、IUCN物种濒危等级——无危（LC）

（雌）

163 白眉鹀 *Emberiza tristrami* Swinhoe

别　　名：五道眉、小白眉、白三道儿

英 文 名：Tristram's bunting

特　　征：体形略小，体长130～150 mm。雄鸟（夏羽）头和颏黑色，具白色冠纹、眉纹和颧纹。虹膜暗褐色。嘴角褐色，下嘴基部肉黄色。喉和胸栗黄色。肩和背橄榄褐色，具栗褐色羽干纹；下背、腰和尾上覆羽栗红色。体侧栗黄色，两胁具栗褐色斑纹；腹部中央和尾下覆羽白色。腋羽白色。翅上小覆羽橄榄灰色，中覆羽和大覆羽暗褐色，具乳白色羽端；小翼羽和初级覆羽暗褐色，羽缘橄榄灰色，飞羽角褐色，外翈羽缘栗黄色或黄白色。中央1对尾羽栗褐色，其余尾羽黑褐色。雌鸟（夏羽）羽色较雄鸟浅淡。头褐色，具白色沾棕色或污白色条纹。颏和喉栗黄色，颧纹下侧具黑色斑点；胸和两胁散布褐色斑纹。雄鸟（秋羽）头上具白色沾棕色纵纹，背面栗黄色羽缘特别显著。雌鸟（秋羽）上体栗黄色羽缘比较显著。跗跖灰色。

生活习性：主要以鳞翅目等昆虫为食，也会取食草籽、果浆及蠕虫、蜘蛛等。常单独或成对活动于山溪沟谷、林缘、林间空地和林下灌丛或草丛。性沉静而怯疑，平常很少鸣叫。

居 留 型：旅鸟

保护级别：国家三有保护野生动物、IUCN物种濒危等级——无危（LC）

爬行纲
Reptilia

蜥蜴目Lacertiformes

蜥蜴科Lacertian

164 丽斑麻蜥 *Eremias argus* W. Peters

别　　名：蛇虫子、麻蛇子、蝎虎子、蛇虎子

英 文 名：Ocellated steppe lacerta

特　　征：小型蜥蜴，体形圆长而略平扁；成体全长100～150 mm，头体长比尾长略短。头稍扁，吻端圆钝，吻鳞五角形。额鼻鳞2枚；前眶上鳞的长度短于后眶上鳞，眶下鳞不伸入上唇鳞之间。背部被细小的粒鳞。腹鳞矩形平扁，错落斜行呈棋格状。后肢贴体前伸达腰中部或腋下。肛前覆有不规则小鳞。头顶棕灰色，颞侧和上唇后缘各具1条浅色纵纹。背黄褐色或浅褐色，背上和肋部具数行纵向排列的镶黑褐色边的白色小圆斑。腹黄白色。四肢背面具白斑。尾形圆长。

生活习性：主要以膜翅目、鞘翅目、双翅目等昆虫为食。栖息于丘陵、平原、低山、农田的荒坡、砾石较多的平地、壕沟及堤坝。日出后外出活动，常在灌丛或草堆周围活动。

保护级别：国家三有保护野生动物、IUCN物种濒危等级——无危（LC）

165 山地麻蜥 *Eremias brenchleyi* A. Gunther

别　　名： 马蛇子、四蛇子

英 文 名： Hill desert lacerta

特　　征： 小型蜥蜴，体细长扁平；成体全长100～150 mm，尾长约为头体长的1.5倍。吻尖长，吻鳞宽长于高。鼻鳞3枚，鼻上鳞最大；眶下鳞伸入上唇鳞之间并达口缘。颞部被粒鳞。耳孔前缘的鳞稍突起。背被粒鳞，稍隆起。腹鳞长方形，覆瓦状排列成斜行的纵列。背部黄褐色或灰褐色，雄蜥背部中央具1列较短的黑斑。体侧各有2列具黑缘的浅色眼斑或由此连成的白色纵纹，近背面和靠腹面各1列；雄蜥体两侧各具1条红褐色纵纹。背和斑纹之间具有被黑色横纹相连的白色圆斑。腹面黄白色。尾较细长，幼体尾部蓝灰色。

生活习性： 主要以膜翅目、鞘翅目、双翅目等昆虫为食，也会取食蜘蛛、小螺等小型无脊椎动物。栖息于山岩裸露的荒坡、稀疏的灌丛或阔叶林等地带。酷热时隐藏于岩缝和阴凉处，伏身闭目或缓慢爬动。

保护级别： 国家三有保护野生动物、IUCN物种濒危等级——无危（LC）

石龙子科Scincidae

166 宁波滑蜥 *Scincella modesta* A. Gunther

别　　名：马蛇子

英 文 名：Ningbo smooth skink

特　　征：小型蜥蜴，体形细长；成体全长120～150 mm，头体长比尾长略短。无上鼻鳞，左右前额鳞互不相接。眼大小适中，下眼睑中央具一个扁圆形透明无鳞区的睑窗。耳孔呈卵圆形，前缘无瓣突，小于眼径、大于下眼睑窗。四肢短小纤细。通体鳞片光滑，覆瓦状排列。前后肢贴体相向时，指和趾不相遇。头背黄棕色或褐色。背古铜色或黄褐色，密布不规则不成行的黑色斑点或黑褐色小点或线纹。体侧灰褐色或深灰色，各具1条由吻端延伸至尾部的黑褐色宽纵纹，纵纹上缘呈波纹状，下缘不规则。体腹灰白色或黄灰色，无斑。尾下面浅黄色或白色，末端密布黑点，尾基部黑点大而稀疏。

生活习性：主要以蚂蚁、飞蛾和蜘蛛等小型无脊椎动物为食。喜栖息于向阳坡面碎石间和草丛下的石缝。活动速度不快，常于清晨或傍晚静伏在背阴处草丛或枯叶底石缝间伺机觅食。

保护级别：国家三有保护野生动物、北京市重点保护野生动物

壁虎科Gekkonidae

167 无蹼壁虎 *Gekko swinhonis* Günther

别　　名： 爬墙虎、守宫、蝎虎、天龙

英 文 名： Peking gecko

特　　征： 体扁平，全长100～150 mm，头体与尾几乎等长。头吻三角形，吻鳞长方形，鼻孔近吻端。无活动眼睑。耳孔小，卵圆形。颏片2对，呈弧形排列，外侧1对较小。头、颈、躯干、尾及四肢具颜色不一的横斑，颈及躯干背面具6～7条褐色横斑，尾背面也有11～14条横斑。体背面灰棕色、灰褐色或瓦灰色，被粒鳞，杂布疣鳞。体腹面淡肉色，被覆瓦状鳞。胸腹部鳞片较大，覆瓦状排列。尾基肛疣每侧2～3个。四肢背面被颗粒状小鳞。雄性具肛前孔6～10个。指、趾间无蹼。

生活习性： 主要以鳞翅目、双翅目、膜翅目、鞘翅目等昆虫及蜘蛛等小型无脊椎动物为食。栖息于树洞、岩缝及石下。常于夜晚多只聚集在灯光照射处捕食。

保护级别： 国家三有保护野生动物、IUCN物种濒危等级——易危（VU）

蛇目Serpentiformes

游蛇科Colubridae

168 黄脊游蛇 *Coluber spinalis* Peters

别　　名：黄脊蛇、白脊蛇、白线子、白线蛇
英 文 名：Yellow spine travel-snake, White line snake
特　　征：中小型无毒蛇，体细长，成体全长740～860 mm。头较长，眼大，瞳孔圆形。眶前鳞1枚；眶前下鳞1枚，较小；眶后鳞1～2枚；颞鳞2+2枚或3+3枚。额鳞前缘黄色，眼前鳞和眼后鳞白色。体背面红棕色，背鳞光滑，17–17–15行，最外一行腹侧灰色，鳞中央白色，在两侧前后连缀成1条白线；背脊有1条由额鳞至尾端的黄色或黄白色纵纹。体腹面浅黄色或淡棕色，腹鳞两侧与背鳞相接处的前半部具黑点，后半部色渐淡，直至消失。体两侧具几条纵线或点线。上唇腹侧黄色或黄白色，背侧具波状黑纹。
生活习性：主要以蜥蜴、壁虎及鼠类等动物为食，也有记载捕食蛙类。栖息于山脚、旱地、灌丛、林缘及河流附近等较开阔地区。晴天活动，偶有夜间活动，雨后出来较多。爬行迅速，性驯善，通常不咬人。
保护级别：国家三有保护野生动物

169 赤链蛇 *Dinodon rufozonatum* Cantor

别　　名： 桑根蛇、火链蛇、红斑蛇、红麻子、燥地火链、红百节蛇、红四十八节、血三更、链子蛇

英 文 名： Erythema snake, Bandedred snake

特　　征： 中等大小无毒蛇，成体全长800～1 500 mm。头部略扁，椭圆形，鳞片黑色，具明显的红色边缘，枕部具红色"∧"形斑。眼较小，瞳孔直立，椭圆形。颅顶鳞长而大；吻鳞高；鼻间鳞小；额鳞短；颊鳞1枚狭长，常入眶；眶前鳞1或2枚；眶后鳞2枚；颞鳞2+3枚；上唇鳞2-3-3式或3-2-3式；体鳞光滑，背中央后部有数行微弱的起棱。体背黑褐色，具多个红色窄横斑，背鳞19(21)-17(19)-15(17)行，中段平滑无棱。体腹面灰黄色，腹鳞两侧杂布黑褐色点斑。尾下呈灰黑色。肛鳞单一，完整，尾下鳞45～95对。

生活习性： 主要以鱼、蛙、蟾蜍、蜥蜴、蛇、鸟等动物为食。栖息于丘陵、森林、山地及水域附近。在树洞、坟洞、地洞或石堆处筑窝，多在傍晚活动。性懒，爬行缓慢，不主动攻击人，受到惊吓时行动敏捷，捕咬目标明确。

保护级别： 国家三有保护野生动物、IUCN物种濒危等级——近危（NT）

170 赤峰锦蛇 *Elaphe anomala* Boulenger

别　　名： 松花蛇、菜蟒、黑乌松、黄松、虎尾蛇、蓝脖子蛇、大乌草、家蛇、蓝颈锦蛇、乌虫

英 文 名： Korean rat-snake

特　　征： 大型无毒蛇，体粗大长圆，成体全长1 500～2 000 mm。头部较大，与颈区分明显。瞳孔圆形，眼后至口角有带状黑色斑。颊鳞1枚；眶前鳞1枚；眶后鳞2枚；颞鳞2+3枚或3+2枚。上下唇鳞鹅黄色或乳白色，鳞片后缘具细黑边，上唇鳞8枚，下唇鳞9～11枚。成体头背部棕灰色或棕褐色，向后颜色渐深，后部呈棕黑色，体中部至尾端具灰黄色或土黄色斜行横斑；背鳞23–23–19行，除最外两行平滑外，其余均具强棱。体腹面鹅黄色、乳白色或灰白色，腹鳞两侧具黑色斑。幼体与成体的体色斑差异较大。幼体色斑鲜艳，体背面棕褐色，头顶鳞至枕部两侧具暗黄色“∧”形斑。鼻孔至眼具浅色斑纹。瞳孔圆形，眼后至口角有带状黑色斑。颈部至尾端具暗黄色横斑。体腹面苍灰色，散布黑色斑点，两侧具明显黑色斑。上下唇鳞乳白色，鳞后缘具黑边。

生活习性： 主要以鼠类等小型啮齿动物为食，也会捕食鸟类和鸟蛋。栖息于山地、桥下、林缘及水域附近。白昼活动，通常不主动袭击人，仅在被捕捉时能防卫性扑咬；繁殖期的孕蛇凶狠，受惊扰时有袭击行为。

保护级别： 国家三有保护野生动物

171 王锦蛇 *Elaphe carinata* Güenther

别　　名： 棱锦蛇、棱鳞锦蛇、松花蛇、黄蟒蛇、王字头、大王蛇、臭黄颌

英 文 名： Stink rat snake

特　　征： 大型无毒蛇，体形粗壮，成体全长1 500 ~ 2 000 mm。头部略大，与颈区分明显；头背部鳞缘和鳞沟黑色，呈"王"字形。眼较大，瞳孔形状随光线而变化。吻鳞宽大于高。鼻间鳞方形，长略大于宽。前额鳞长小于宽，额鳞盾形。体鳞明显起棱，仅最上一行平滑无棱。体背颜色多变，呈黄色、黄绿色或橄榄绿色等。体腹面黄色，腹鳞边缘黑色。体后段及尾部黑色和黄色混杂呈网纹状。

生活习性： 以蜥蜴、蛇类、蛙类、鼠类及鸟类等动物为食。栖息于山地、平原及丘陵地带的河岸、水库边及其他靠近水域的地方。性情凶猛，动作敏捷，爬行速度快，会攀爬上树。

保护级别： 国家三有保护野生动物、IUCN物种濒危等级——易危（VU）、北京市重点保护野生动物

172 团花锦蛇 *Elaphe davidi* Sauvage

别　　名： 黑镶锦蛇、棕斑锦蛇、花长虫
英 文 名： Round spot beauty snake
特　　征： 中等大小无毒蛇，体粗圆，成体全长1 000 ~ 1 400 mm。头稍大，略呈三角形，与颈部区分明显。眼大而圆，瞳孔圆形。吻鳞近半圆形，宽大于高。鼻间鳞近方形，鳞沟短于前额鳞沟，前额鳞长约为鼻间鳞的1.5倍。头背褐色，眼后具眉纹。体背灰褐色，背中央及两侧具3行镶黑边的暗褐色椭圆斑，中央的斑纹较两侧的大；背鳞外侧1 ~ 5行平滑，向内逐渐起棱。体腹面淡黄色，散布褐色斑点。
生活习性： 以蜥蜴、鼠类和鸟蛋等为食。栖息于山地石缝、林缘路边、植被稀薄的沙土山、灌草丛、栎树上及开阔水域处。性暴躁，受惊时头呈三角形。
保护级别： 国家二级重点保护野生动物

173 红纹滞卵蛇 *Oocatochus rufodorsatus* (Cantor)

别　　名： 红点锦蛇、三线蛇、水蛇、水长虫
英 文 名： Red spot beauty snake, Water snake
特　　征： 中等大小无毒蛇，成体全长600 ~ 1 000 mm。头部椭圆形，头背具三条“∧”形棕褐色或橙黄色斑纹。瞳孔圆形，眼后具黑褐色眉纹，或与体背黑褐色纵纹相连。颊鳞1枚；眶前鳞1枚；眶后鳞2枚；颞鳞2+3枚；上唇鳞7枚；下唇鳞10枚；背鳞21–21–17行，光滑无棱。体背黄褐色或淡红色，背脊正中具1条红褐色纵纹，两侧各有1条棕黑色纵纹，有时断离成镶黑边的红褐色斑点，尾部无红褐色斑点。体腹面、颈部及前部鹅黄色，后部渐变为浅橘黄色或橘红色，密布黑黄相间的小棋盘格斑。
生活习性： 以鱼类、蛙类、螺类及水生昆虫等为食。半水栖生活，栖息于溪流、湖畔、池塘及附近田野、坟堆、林地、草地或水沟内。每年10 ~ 12月入蛰，翌年3 ~ 4月出蛰。
保护级别： 国家三有保护野生动物

拍摄：牛震

174 玉斑丽蛇 *Euprepiophis mandarinus* Cantor

别　　名： 玉斑锦蛇、高砂蛇、神皮花蛇、玉带蛇

英 文 名： Mandarin rat snake

特　　征： 中等大小无毒蛇，体圆长，成体全长1 100～1 400 mm。头部较小，椭圆形，头背部具3道明显的黑色斑，前2道为横斑，第3道呈“∧”形。颊鳞1枚，眶前鳞1枚，眶后鳞2枚，上唇鳞7枚或8枚，下唇鳞9枚。体背黄褐色、红褐色或灰色；背部至尾部具许多艳丽的菱形大斑，斑周黑色，中央黄色或橘黄色；背鳞光滑无棱。体侧具大小不等的紫红色点状斑。体腹灰白色，具交错排列的黑色斑块。

生活习性： 以蜥蜴、蛇类、鼠类等小型动物为食。栖息于居民区附近的水沟边或丘陵、山区、森林、灌丛及草丛。性情胆怯，较敏感。

保护级别： 国家三有保护野生动物、IUCN物种濒危等级——无危（LC）、北京市重点保护野生动物

175 黑眉曙蛇 *Orthriophis taeniurus* Friesi

别　　名： 黑眉锦蛇、黑眉晨蛇、花广蛇、黄颔蛇、秤星蛇、枸皮蛇、黄喉蛇、慈鳗、黄长虫、广蛇

英 文 名： Taiwan beauty snake

特　　征： 大型无毒蛇，成体全长1 500～2 000 mm，头窄长，较大，与颈部区分明显。眼后具2条明显的黑色斑纹。唇部黄色。吻鳞宽长于高；鼻间鳞长小于宽；额鳞盾状，长大于宽；顶鳞大于额鳞；颊鳞1枚；眶前鳞2枚；眶后鳞2枚；眶上鳞1枚；颞鳞2+3枚或3+2枚；上唇鳞8～11枚；下唇鳞10～14枚；体鳞微弱起棱，外侧4行无棱。体背面黄色或黄绿色，颈部至体后部具"工"字形或"蝴蝶结"斑纹，后部斑纹逐渐模糊。体腹面灰白色或淡灰色，腹鳞两侧具黑色斑。体侧具褐色杂斑，体后部杂斑两侧具有黑褐色纵线，逐渐汇合延伸至尾末。体尾腹面黄白色，散布黑褐色方形色斑。

生活习性： 主要以鼠类为食，也会捕食鸟类、鸟蛋、蜥蜴及昆虫等。栖息于高山、平原、丘陵、林缘及草丛附近。晨昏活动，多以游荡方式觅食，善攀爬。

保护级别： 国家三有保护野生动物、IUCN物种濒危等级——易危（VU）、北京市重点保护野生动物

176 虎斑颈槽蛇 *Rhabdophis tigrinus* H. Boie

别　　名： 虎斑游蛇、野鸡项、雉鸡脖、竹竿青、鸡冠蛇、野鸡脖子

英 文 名： Tiger-spotted neck-troughed snake

特　　征： 中等大小毒蛇，成体全长900～1 300 mm。头部椭圆形。眼较大，瞳孔圆形。颈部平扁扩大，颈背正中具颈槽。枕两侧具1对粗大的黑色斑块。眶前鳞2枚；眶后鳞3～4枚；颞鳞1+2枚或2+1枚；上唇鳞7枚；背鳞19–19–17行，全部具棱或最外侧平滑。下唇和颈侧为白色。体背面草绿色、青绿色或深绿色，体前部具黑红相间的方斑纹，体后部逐渐消失。体腹面污白色，伴有不规则黑色斑。

生活习性： 主要以蛙类、蟾蜍和鱼类为食，也捕食昆虫、鸟类及鼠类。生活于山地、丘陵等区域的河流、溪流及水库附近。具有毒液，通过撕咬形成的伤口流入人体，虽性情温顺，但要与之保持安全距离，不可伸手捕捉。

保护级别： IUCN物种濒危等级——近危（NT）

蝰科Viperidae

177 短尾蝮 *Gloydius brevicaudus* Stejneger

别　　名： 土球子、驴咒子、土公蛇、草上飞、七寸子、地扁蛇

英 文 名： Singer pit viper

特　　征： 中等大小管牙类毒蛇，体形短粗，成体全长为500 ~ 700 mm。头部三角形，具颊窝和管牙，吻棱明显。鼻孔圆形，开口朝向后外方。瞳孔椭圆形，眼后具1条宽大的黑褐色眉纹，上缘镶白色细纹。鼻鳞较大；颊鳞1枚，近方形；眶前鳞2枚；眶后鳞2 ~ 3枚；颞鳞2+3枚；上唇鳞7枚；下唇鳞11枚；背鳞21–21–17行，体中段最外行平滑，余均起棱；腹鳞135枚，肛鳞完整；尾下鳞双行。体背面黄褐色、红褐色或灰褐色，左右两侧各具1行外缘较深的大圆斑，圆斑并排或交错排列。体腹面灰白色，密布红褐色或黑褐色细点。头腹面的颌片外侧具2条深色长斑。尾短，颜色较浅，呈黄色或黄褐色；尾尖棕黑色。

生活习性： 以鱼类、蛙类、蟾蜍、鸟类、鼠类、蜥蜴及蛇等动物为食。栖息于山地、坟堆、草丛中，多利用树洞、鼠洞等现成的洞穴穴居。昼夜活动，夏季、秋初分散活动于沟渠和林缘路边。毒液为混合毒，以血循毒为主。被咬后伤口周围剧烈疼痛、红肿、皮下淤血。严重者会出现休克、呼吸麻痹和急性肾功能衰竭。

保护级别： 国家三有保护野生动物、IUCN物种濒危等级——近危（NT）、北京市重点保护野生动物

两栖纲

Amphibian

无尾目Anura

蟾蜍科Bufonidae

178 中华大蟾蜍 *Bufo gargarizans* Cantor, T.

别　　名： 大蟾蜍、癞肚子、癞疙瘩、癞蛤蟆

英 文 名： Big toad, Common giant toad

特　　征： 体形粗壮，体长75～120 mm，雌蟾较雄蟾大。头宽大，顶部有许多大疣粒。口阔，吻端圆，鼻孔略近吻端，吻棱显著，具长疣。舌分叉，可随时翻出嘴外。眼大而突出，眼后方具圆形鼓膜，眼睑密布小疣；其上眼睑内侧有较大球状疣。耳后腺大而长，几乎与眼相连。躯体粗而宽，体背粗糙，密布大小不等的圆形瘰粒，瘰粒角质化成深棕色，颜色变异大，一般为棕黑色、黄褐色或黑绿色，具明暗不一的黑褐色斑。体腹不光滑，满布疣粒，颜色为浅黄棕色或黄白色，具棕色或黑色的细花斑。体侧颜色较深，有的形成纵带纹。四肢背面黑色斑较少，前肢长而粗壮，指略扁，指侧微有缘膜而无蹼。后肢粗壮而短，胫跗关节前达肩部，趾侧有缘膜，蹼尚发达。

生活习性： 水陆兼栖生活，喜湿、喜暗、喜暖。主要以鞘翅目或鳞翅目昆虫，蜗牛、蛞蝓等动物为食。白天活动于草丛、石下、岸边或浅水区，傍晚至翌日清晨常在塘边、沟沿和河岸周围觅食，夜间和雨后最为活跃。气温下降至10 ℃以下时钻入砖石洞、土穴中或潜入水底冬眠；气温回升到10 ℃以上时结束冬眠。

保护级别： 国家三有保护野生动物、IUCN物种濒危等级——无危（LC）

姬蛙科Microhylidae

179 北方狭口蛙 *Kaloula borealis* Barbour

别　　名： 气蛤蟆、气鼓子、雨蛙

英 文 名： Boreal digging frog

特　　征： 体形较小，体长40 mm左右。头小，宽大于长，头肩部常具肉红色波状宽横纹。吻短而圆，吻棱不明显；鼻孔近吻端，内鼻孔后端有明显的骨质嵴棱，外侧细，内侧粗。眼间距大于鼻间距，鼓膜不显。舌卵圆，后端无缺刻。体背皮肤厚而较光滑，散布小疣，颜色一般为棕褐色或橄榄棕色，具不规则棕黑色点状斑。枕部具横肤沟，颞褶斜行而不弯曲。体腹平滑无疣，颜色呈淡紫肉色；肛周具很多颗粒。体侧、咽及四肢后方具显著的网状纹。前肢细长，指端钝圆，无指基下瘤；关节下瘤及掌突发达。后肢粗短，胫跗关节前达肩部，左右跟部相距远；趾短，端部钝圆，趾间为半蹼；关节下瘤不发达，跖突极强，内跖突大，具锐刃，外跖突较小，两者内侧端几相连。雄蛙具单咽下外声囊，咽喉部黑色，胸部有大而显著的厚皮肤腺。雄性线极显著。

生活习性： 水陆兼栖生活，更喜陆栖。主要以鞘翅目、双翅目、膜翅目等昆虫和植物的根、花及叶为食。一般在雨后的傍晚、夜间和翌日清晨活动，常活动于水坑附近的草丛、落叶层或腐土中。善于挖土钻穴，不善跳跃，多爬行，受到惊扰或侵害时，腹部会鼓胀。10月开始入水，多在死水泡泽中越冬，翌年4月中旬结束冬眠。

保护级别： IUCN物种濒危等级——无危（LC）、北京市重点保护野生动物

蛙科Ranidae

180 黑斑侧褶蛙 *Pelophylax nigromaculatus* Hallowell, E.

别　　名： 黑斑蛙、青蛙、田鸡、青鸡、三道眉、蚂蚜、青头蛤蟆

英 文 名： Black-spotted pond frog

特　　征： 体形较大，体长60 ~ 75 mm，雌蛙较雄蛙大。头长大于宽。吻部略尖，吻端钝圆，突出于下唇，吻棱不明显。唇缘具斑纹。口角后的颌腺窄长，呈棕黄色或淡黄色。颊部向外倾斜。鼻孔位于吻眼间，鼻间距与眼睑宽等长。眼大而突出，眼间距窄，小于鼻间距及上眼睑宽。鼓膜大而明显，近圆形，灰褐色或浅黄色，上缘有细颞褶。犁骨齿两小团，突出在内鼻孔之间。舌宽厚，后端缺刻深。体背皮肤较粗糙，背侧褶明显，褶间具不等长的纵肤棱，颜色多样，呈淡绿色、黄绿色、深绿色或灰褐色等，杂具黑斑纹。腹面光滑，乳白色或带微红色。体侧具长疣或痣粒，侧褶颜色呈金黄色、浅棕色或黄绿色，部分侧褶下方具黑色纹或斑纹。后背、肛周及股后下方具圆疣和痣粒。前肢短，指末端钝尖，指侧缘膜不明显，关节下瘤小而明显。后肢较短而肥硕，左、右跟部不相遇，趾末端钝尖，关节下瘤小而明显；有内、外跖突，内跖突窄长，呈游离刃状，外跖突很小。

生活习性： 水陆兼栖生活。主要以鞘翅目、鳞翅目等昆虫为食。常活动于池塘、水沟、排洪沟等静水或流水缓慢的河流附近，白天藏匿在水生植物上或草丛中。善于跳跃和游泳，受惊时能连续跳跃至水中，并潜入深水处或淤泥间。每年11月，气温下降至13 ℃左右时，陆续在向阳的山坡、草地及排洪沟、池塘岸边的土穴或杂草堆里进入冬眠，潜伏深度10 ~ 15 mm；翌年3月，气温回升到10 ℃以上时结束冬眠。

保护级别： IUCN物种濒危等级——近危（NT）

181 中国林蛙 *Rana chensinensis* David, A.

别　　名： 蛤士蟆、雪蛤、吧拉蛙、黄蛤蟆、油蛤蟆、金鸡蛤蟆

英 文 名： Chinese wood frog

特　　征： 体形较大，体长70～90 mm，雌蛙较雄蛙大。头较扁平，头长与宽几乎相等。吻端钝圆，略突出于下颌；吻棱较明显。鼻孔位于吻眼之间，鼻间距大于眼间距。鼓膜显著。犁骨齿为两短斜行，位于内鼻孔内侧。前肢较短壮；指端圆，较细长；关节下瘤、指基下瘤及内外掌突较显著。后肢长；胫跗关节前达眼部或略超过；趾端钝圆，趾细长；蹼发达，外侧跖间具蹼而不发达；关节下瘤小而明显，内跖突窄长，外跖突小而圆。皮肤细小痣粒颇多，口角后端颌腺明显。两眼间具明显的深色横纹。鼓膜部具三角形黑色斑。背侧褶在颞部呈曲折状，两侧褶间具少数分散的疣粒；背面和体侧具分散的黑色斑点，一般在疣粒上。腹面皮肤光滑，灰色斑点多，甚至形成斑纹。四肢横斑清晰，雄蛙前肢较粗壮。

生活习性： 水陆兼栖生活；蝌蚪期和冬眠期在水中生活，变态后的幼蛙和成蛙在陆地生活。蝌蚪期以植物碎屑、藻类、嫩芽、嫩叶等为食，变态后以昆虫、蜘蛛、蜗牛等小型无脊椎动物为食。喜栖息于林内郁闭度大、枯枝落叶多、空气湿润的植被环境。善于放舌捕食。每年9月开始陆续入水冬眠，翌年4月中旬结束冬眠。

保护级别： IUCN物种濒危等级——无危（LC）

参考文献

[1] 中国野生动物保护协会. 中国爬行动物图鉴. 郑州：河南科学技术出版社，2002.

[2] 赵欣如，朱雷. 北京鸟类图谱. 北京：中国林业出版社，2021.

[3] 约翰·马敬能. 中国鸟类野外手册. 北京：商务印书馆，2000.

[4] 郑作新. 中国动物图谱 鸟类. 3版. 北京：科学出版社，1987.

[5] 赵正阶. 中国鸟类志. 长春：吉林科学技术出版社，2001.

[6] 郑宝赉. 中国动物志 鸟纲. 北京：科学出版社，1985.

[7] 郑光美. 中国鸟类分类与分布名录. 3版. 北京：科学出版社，2017.

[8] 齐硕. 常见爬行动物野外识别手册. 重庆：重庆大学出版社，2019.

[9] 刘阳，陈水华. 中国鸟类观察手册. 长沙：湖南科学技术出版社，2021.

[10] 自然之友野鸟会. 北京地区常见野鸟图鉴. 北京：机械工业出版社，2013.

[11] 杨贵生. 内蒙古常见动物图鉴. 北京：高等教育出版社，2017.

[12] 徐卫南，王义平. 临安珍稀野生动物图鉴. 北京：中国农业科学技术出版社，2018.

[13] 卜书海，郑雪莉. 秦岭火地塘常见动物图鉴. 北京：科学出版社，2015.

[14] 张德怀，鲍伟东，马志红，等. 北京雾灵山自然保护区野生动物资源图谱. 北京：中国农业出版社，2018.

[15] 高金龙. 延安陆生野生脊椎动物图鉴. 延安：延安市林业局，2016.

[16] 费梁. 中国两栖动物图鉴. 郑州：河南科学技术出版社，2020.

[17] 中国野生动物保护协会. 中国哺乳动物图鉴. 郑州：河南科学技术出版社，2005.

中文名索引

拉丁学名索引

A

B

C

D

E

F

G

H